·高等学校计算机基础教育教材精选·

计算机应用基础实践教程

史文红　王丹阳　主编

张聪　副主编

清华大学出版社

北京

内 容 简 介

本书是《计算机应用基础案例教程》一书的配套教材,主要编排了与教学内容配套的 16 个实验,涵盖了《计算机应用基础案例教程》一书的主要知识点,每一个实验都是一个案例,案例取材典型、突出应用、各有特点、各有侧重,并对每个案例的制作过程做了详细的实验指导与操作步骤。全书分为两部分。第 1 部分为与教学内容配套的 16 个实验,以培养学生计算机应用的基本技能。其中,Windows XP 操作系统 4 个实验,Word 2003 文字处理 3 个实验,Excel 2003 电子表格 3 个实验,PowerPoint 2003 幻灯片 3 个实验,Internet 应用 3 个实验。第 2 部分为学生提供了 6 套综合性的课后上机练习题,以培养学生的综合应用能力和解决实际问题的能力。同时,在附录里附了《计算机应用基础案例教程》一书各章中的基础知识训练题和习题解答。

本书可作为高等院校非计算机专业学生的大学计算机基础实验教材,也可作为计算机爱好者的自学和培训教材。

图书在版编目(CIP)数据

计算机应用基础实践教程 / 史文红,王丹阳主编. —北京:清华大学出版社,2011.2
(高等学校计算机基础教育教材精选)
ISBN 978-7-302-24397-7

Ⅰ. ①计… Ⅱ. ①史… ②王… Ⅲ. ①电子计算机－高等学校－教材 Ⅳ. ①TP3

中国版本图书馆 CIP 数据核字(2010)第 259292 号

责任编辑:白立军 王冰飞
责任校对:时翠兰
责任印制:王秀菊

出版发行:清华大学出版社　　　　　　　地　　址:北京清华大学学研大厦 A 座
　　　　　http://www.tup.com.cn　　　　邮　　编:100084
　　　　　社　总　机:010-62770175　　　邮　　购:010-62786544
　　　　　投稿与读者服务:010-62795954,jsjjc@tup.tsinghua.edu.cn
　　　　　质　量　反　馈:010-62772015,zhiliang@tup.tsinghua.edu.cn
印　装　者:北京市清华园胶印厂
经　　销:全国新华书店
开　　本:185×260　　　印　张:6　　　字　数:132 千字
版　　次:2011 年 2 月第 1 版　　　印　次:2011 年 2 月第 1 次印刷
印　　数:1～4000
定　　价:15.00 元

产品编号:040024-01

出版说明

高等学校计算机基础教育教材精选

在教育部关于高等学校计算机基础教育三层次方案的指导下,我国高等学校的计算机基础教育事业蓬勃发展。经过多年的教学改革与实践,全国很多学校在计算机基础教育这一领域中积累了大量宝贵的经验,取得了许多可喜的成果。

随着科教兴国战略的实施及社会信息化进程的加快,目前我国的高等教育事业正面临着新的发展机遇,但同时也必须面对新的挑战。这些都对高等学校的计算机基础教育提出了更高的要求。为了适应教学改革的需要,进一步推动我国高等学校计算机基础教育事业的发展,我们在全国各高等学校精心挖掘和遴选了一批经过教学实践检验的优秀的教学成果,编辑出版了这套教材。教材的选题范围涵盖了计算机基础教育的三个层次,包括面向各高校开设的计算机必修课、选修课,以及与各类专业相结合的计算机课程。

为了保证出版质量,同时更好地适应教学需求,本套教材将采取开放的体系和滚动出版的方式(即成熟一本、出版一本,并保持不断更新),坚持宁缺毋滥的原则,力求反映我国高等学校计算机基础教育的最新成果,使本套丛书无论在技术质量上还是出版质量上均成为真正的"精选"。

清华大学出版社一直致力于计算机教育用书的出版工作,在计算机基础教育领域出版了许多优秀的教材。本套教材的出版将进一步丰富和扩大我社在这一领域的选题范围、层次和深度,以适应高校计算机基础教育课程层次化、多样化的趋势,从而更好地满足各学校由于条件、师资和生源水平、专业领域等的差异而产生的不同需求。我们热切期望全国广大教师能够积极参与到本套丛书的编写工作中来,把自己的教学成果与全国的同行们分享;同时也欢迎广大读者对本套教材提出宝贵意见,以便我们改进工作,为读者提供更好的服务。

我们的电子邮件地址是 jiaoh@tup.tsinghua.edu.cn。联系人:焦虹。

清华大学出版社

为了帮助广大学生学好计算机基础课程,我们根据学生的实际学习情况和多年来从事计算机基础教学的经验总结,编写了这本《计算机应用基础实践教程》。本书力求内容新颖,编排的实验案例和操作步骤力求简单明了。学生可以按照实验步骤,一步一步地完成实验内容。通过本教材的学习可以帮助学生进一步掌握和消化计算机的基本知识和基本技能,提高运用计算机解决实际问题的能力,使学生能举一反三,快速将所学知识应用到学习和工作中去。

本书是《计算机应用基础案例教程》一书的配套教材,主要编排了与教学内容配套的16个实验,涵盖了《计算机应用基础案例教程》一书的主要知识点,每一个实验都是一个案例,案例取材典型、突出应用、各有特点、各有侧重,并对每个案例的制作过程做了详细的实验指导与操作步骤。全书分为两部分。第1部分为与教学内容配套的16个实验,以培养学生的综合应用能力和解决实际问题的能力。其中,Windows XP 操作系统 4 个实验,Word 2003 文字处理 3 个实验,Excel 2003 电子表格 3 个实验,PowerPoint 2003 幻灯片 3 个实验,Internet 应用 3 个实验。第 2 部分为学生提供了 6 套综合性的课后上机练习题,以培养学生计算机应用的基本技能。同时,在附录里附了《计算机应用基础案例教程》一书各章中的基础知识训练题和习题解答。

本书的特点是:案例典型、针对性强、步骤详细清楚、通俗易懂、便于掌握。

本书由史文红、王丹阳任主编,张聪任副主编,武丽英、梅维安和王斌参编,袁秀利主审,史文红、王丹阳统稿。其中,Windows XP 操作系统实验和练习题部分由王斌编写,Word 2003 文字处理实验由王丹阳编写,Excel 2003 电子表格实验由张聪编写,Power-Point 2003 幻灯片实验由史文红编写,Internet 应用实验由武丽英编写。

由于本书案例的制作要求具有典型性,所涉及的知识点较多,因此编写的难度较大。又由于时间仓促,水平有限,书中定有诸多不足,恳请专家、教师及读者多提宝贵意见,以便于以后教材的修订。

作　者
2010 年 9 月

目录

第 1 部分 实验案例

实验 1　Windows XP 桌面管理

【实验目的】

(1) 掌握 Windows XP 的启动、退出方法。
(2) 掌握 Windows XP 的基本操作。
(3) 掌握 Windows XP 的窗口、对话框、菜单、工具栏和剪贴板的功能和基本操作。
(4) 掌握 Windows XP 桌面设置的方法。

【实验内容】

Windows XP 是多任务、多用户的操作系统，因而，用户在进入 Windows XP 之前必须选择一个用户身份方可登录。而且，Windows XP 系统允许用户拥有自己的桌面环境。如果一台计算机由多个用户使用，那么，每个用户都可以设置自己喜欢的桌面环境。

本实验是运用 Windows XP 提供的功能，设置一个如图 1-1 所示的个性化桌面环境。

图 1-1　Windows XP 的桌面实例

【操作步骤】

（1）右击桌面空白处，选择"属性"命令。

（2）单击"桌面"选项卡，从"背景"列表框中选择"Windows XP"选项，在"位置"下拉列表中选择"拉伸"选项，如图1-2所示，单击"应用"按钮。

图1-2 "显示属性"窗口——桌面背景设置

（3）单击"屏幕保护程序"选项卡，从"屏幕保护程序"列表框中选择"三维文字"，再将"等待"时间定为20分钟，如图1-3所示，单击"应用"按钮。

图1-3 "显示属性"窗口——屏幕保护程序设置

（4）单击"外观"选项卡，将"色彩方案"选择为"银色"，如图 1-4 所示，单击"应用"按钮。

图 1-4 "显示属性"窗口——外观设置

（5）单击"设置"选项卡，将"屏幕分辨率"设置为 1024×768，"颜色质量"设置为"真彩色（32 位）"，单击"确定"按钮。

（6）右击桌面右下角的"日期/时间"标记，将"时区"设置为"北京"，将"时间和日期"设置为即时时间，如图 1-5 所示。

图 1-5 "日期和时间属性"窗口

至此，一个具有个人特点的桌面设置完成。

【操作练习】

（1）将桌面的图标分别按自动、名称、大小、类型、修改时间进行排列，观察效果并比较异同。

（2）利用"画图"程序制作一幅图片，以"图样.bmp"为名保存在【我的文档】的"图片收藏"文件夹内。

（3）打开"显示属性"对话框，将建立的"图样.bmp"设置为桌面背景，并分别将"位置"设置为"居中"、"平铺"和"拉伸"，观察效果，说明各自的特点。

（4）将桌面的屏幕保护程序设为"三维文字"，文字内容为"计算机信息技术"，文字的字体设为"楷体"，字形设为"粗体"、"斜体"，等待时间设为 10 分钟。

（5）将屏幕的分辨率设置为 1024×768，颜色质量设置为 32 位颜色。

实验 2　Windows XP 文件管理

【实验目的】

（1）理解文件管理的概念。

（2）学习运用【我的电脑】、"Windows 资源管理器"进行文件（夹）复制、剪切、粘贴、删除、重命名、创建快捷方式、打开、查找、属性设置等操作，区分复制、剪切、删除等操作。

（3）理解回收站的概念，掌握回收站的使用。

【实验内容】

下面是一套计算机一级考试模拟题，以此作为文件管理的案例操作题。

（1）在 D 盘根目录下创建一个以 LianXi 命名的文件夹。

（2）在该文件夹下创建一个 Book 新文件夹。

（3）在 Book 文件夹中建立一个新的文本文件 Book1.txt，并将"存档"属性撤销，属性设置为"只读"。

（4）查找 notepad.exe 文件，并把查找到的结果保存在 Book 文件夹中。

（5）将 C 盘的"Documents and Settings"文件夹复制到自己在 D 盘新建的文件夹下，并命名为 Wendang。

（6）将 Wendang 文件夹下的"All User"文件夹删除。

（7）在 D 盘以自己姓名命名的文件夹中创建"画图"的快捷方式。

【操作步骤】

（1）通过【我的电脑】或"Windows 资源管理器"打开 D 盘；在空白处右击，从快捷菜单中选择"新建"|"文件夹"命令，并以 LianXi 命名此文件夹。

（2）双击该文件夹，在打开的窗口空白处右击，选择"新建"|"文件夹"命令，建立以 Book 命名的文件夹。

（3）双击 Book 文件夹，在空白处右击，从快捷菜单中选择"新建"|"文本文档"命令，输入文件名 Book1.txt，在空白处单击即可；再将鼠标指向 Book1.txt 文件，右击，从弹出的快捷菜单中选择"属性"命令，将"存档"属性撤销，属性设置为"只读"，单击"确定"按钮。

（4）执行【开始】|"搜索"命令，选择"所有文件和文件夹"后，在"搜索文件名称"文本框内输入"notepad.exe"，单击"搜索"按钮，将查找到的结果保存在 Book 文件夹中。

（5）通过【我的电脑】或"Windows 资源管理器"打开 C 盘，找到"Documents and Settings"文件夹，右击该文件夹，从弹出的快捷菜单中选择"复制"命令，将其"粘贴"到 D 盘自己的文件夹中，并重命名为 Wendang。

（6）双击 Wendang 文件夹，鼠标指向 All User 文件夹，右击，从快捷菜单中选择"删除"命令，将其删除至【回收站】。

（7）在 D 盘以自己姓名命名的文件夹下右击，从弹出的快捷菜单中选择"新建"|"快捷方式"命令，此时打开"创建快捷方式"向导，单击"输入项目的位置"文本框右侧的"浏览"按钮，依次选择【我的电脑】| C 盘 | "Windows 文件夹" | "System32 文件夹" | "mspaint"，再单击"下一步"按钮，在"输入该快捷方式的名称"文本框中输入"画图"的名称后，单击"完成"按钮，即完成了"画图"快捷方式的创建。

【操作练习】

（1）通过【我的电脑】或"Windows 资源管理器"将 D 盘的显示方式设为"详细信息"方式，并将其所有内容按照"大小"进行排列。

（2）先在 D 盘上建立"test"文件夹，再在"test"文件夹下分别建立 "test1"和"test2"两个子文件夹。

（3）打开"附件"中的"记事本"程序，随意写入一段文字，以"text1.txt"为名保存在"d:\test\test1"中。

（4）在"d:\test\test2"文件夹下创建一个名为"收藏夹"的快捷方式，该快捷方式指向 C 盘的"我的文档"，并设置快捷方式图标为微软图标。

（5）复制桌面并将其粘贴到"附件"的"画图"程序中，以"tu.bmp"保存在"d:\test\test1"中。

（6）将"text1.txt"复制到"d:\test\test2"文件夹中，并将"tu.bmp"剪切到"d:\test\test2"文件夹中。

(7) 将"tu. bmp"改名为"图. bmp",并将属性设置为"只读"。

(8) 在 C 盘中查找文件主名为 4 个字母、扩展名为 sys、大小不超过 10KB 的所有文件,并将查询结果保存在"d:\test\test1"中。

实验 3　Windows XP 系统设置

【实验目的】

(1) 掌握利用"控制面板"进行系统设置的方法。

(2) 掌握字体安装的方法。

(3) 掌握添加和设置打印机的方法。

(4) 掌握汉字输入方法的设置。

(5) 掌握添加和删除程序的方法。

(6) 掌握管理系统设备的方法。

(7) 掌握禁用和启用系统设备的方法。

(8) 掌握设置系统账户的方法。

【实验内容】

"控制面板"是用来对系统进行设置的一个工具集,用户可以根据自己的爱好,更改显示器、键盘、鼠标、桌面、打印机等硬件属性的设置,也可以添加或删除应用程序以及系统组件和输入法等。

下面给出本实验案例:

(1) 加快鼠标单、双击的响应速度。

(2) 在系统中安装"HP LaserJet 1018"型打印机。

(3) 为系统添加"搜狗拼音输入法"。

(4) 为系统添加"RealPlay"应用程序,并删除"暴风影音"应用程序。

(5) 为系统创建一个名为"过客"的受限账户,并将其密码设为"12345"。

【操作步骤】

(1) 打开"控制面板"窗口中的"打印机和其他硬件"对话框,在"打印机和其他硬件"窗口(如图 3-1 所示)中双击"鼠标"图标,打开"鼠标属性"对话框(如图 3-2 所示),单击"指针选项"选项卡,将体现指针速度的滑块适当右移,并将"指针加速"选项的"启用"复选框选中。

(2) 打开"控制面板"窗口中的"打印机和其他硬件"对话框,在"打印机和其他硬件"

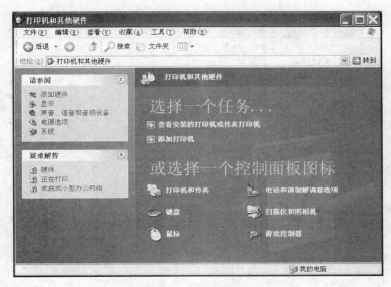

图 3-1　"打印机和其他硬件"窗口

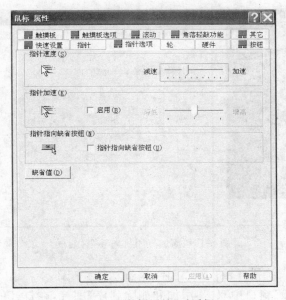

图 3-2　"鼠标属性"对话框

窗口中双击"打印机和传真"图标,打开"打印机和传真"窗口(如图 3-3 所示),在窗口的左窗格中单击"添加打印机"选项,出现"添加打印机向导"对话框(如图 3-4 所示),根据屏幕上的提示,依次操作,即可完成打印机的添加。

　　(3)从网上将"搜狗拼音输入法"下载至 D 盘,打开"控制面板",在"控制面板"的左窗格选择"切换到经典视图",双击"字体"图标,在"字体"窗口执行"文件"|"安装新字体"菜单命令,在"添加字体"窗口中的"驱动器"和"文件夹"中选择新字体所在的 D 驱动器,在

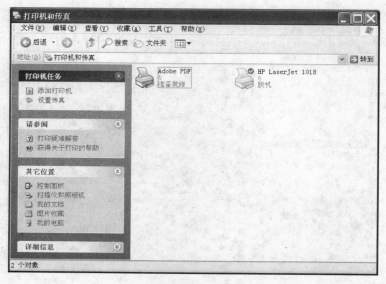

图 3-3　"打印机和传真"窗口

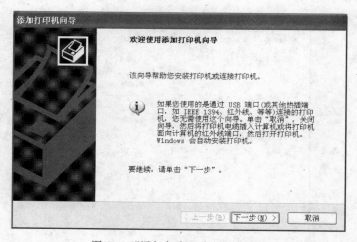

图 3-4　"添加打印机向导"对话框

"字体列表"中选择"搜狗拼音输入法"字体,单击"确定"按钮。

　　(4)在"控制面板"窗口中双击"添加和删除程序"图标,在打开的"添加和删除程序"窗口中单击"添加新程序"按钮,然后单击"CD 或软盘"按钮,在光驱中插入装有"RealPlay"应用程序的光盘或在 USB 插口上插入 U 盘,单击"下一步"按钮,安装程序将自动检查各个驱动器,对安装进行定位,如果定位成功,单击"完成"按钮,系统就将开始应用程序的安装。安装结束后,在"添加和删除程序属性"对话框中单击"确定"按钮。在"当前安装的程序"列表框中选择"暴风影音"应用程序,然后单击"更改/删除"按钮。

　　(5)在"控制面板"窗口中双击"用户账户"图标,打开"用户账户"窗口(如图 3-5 所示),在"挑选一项任务"选项中单击"创建一个新账户"选项,输入新用户账户的名称"过客"(如图 3-6 所示),单击"下一步"按钮,再选择"受限"单选按钮(如图 3-7 所示),之后,单击"创建用户"按钮。

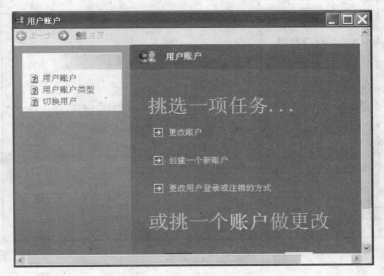

图 3-5　"用户账户"窗口

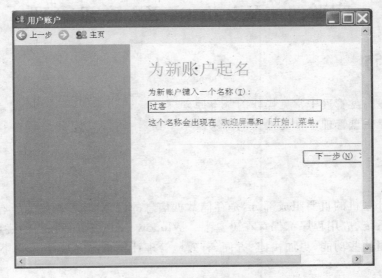

图 3-6　为新账户起名

【操作练习】

（1）仿照实验,通过对"控制面板"中常用选项的重新设置,了解所使用计算机的系统参数的设置方法。

（2）记录本机的 CPU、硬盘、显卡、网卡的型号。

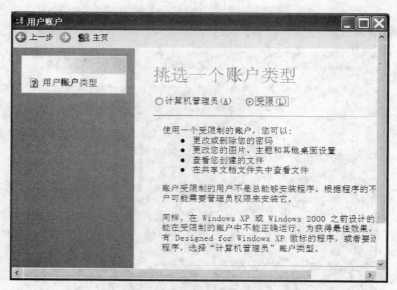

图 3-7　挑选新账户类型

实验 4　Windows XP 磁盘管理

【实验目的】

（1）掌握磁盘管理中常见操作的基本原理。
（2）掌握磁盘管理中常见操作的方法。

【实验内容】

磁盘是计算机的重要组成部分，是存储数据信息的载体，计算机中的所有文件以及所安装的操作系统、应用程序都保存在磁盘上。Windows XP 提供了强大的磁盘管理功能，用户可以利用这些功能，更加快捷、方便、有效地管理计算机的磁盘存储器，提高计算机的运行速度。

下面给出本实验的操作，这些操作是用户在磁盘管理中常见的操作：
（1）查看一下你目前使用的计算机系统盘及 D 盘的可用容量是多少。
（2）为一个感染病毒的移动硬盘格式化。
（3）利用系统提供的功能修复某一磁盘中存在的系统错误。
（4）对所使用计算机的各磁盘进行碎片整理。

【操作步骤】

（1）在桌面上双击【我的电脑】图标，右击 C 盘驱动器图标，在弹出的快捷菜单中选择"属性"命令，打开该磁盘的"属性"对话框，在其中可以了解当前磁盘的文件系统的类型和磁盘空间总容量、磁盘空间使用量、可用的剩余空间量；利用同样的方法查看 D 盘的可用容量。

（2）将移动硬盘通过 USB 接口与计算机连接，双击桌面上的【我的电脑】图标，打开其窗口。右击该移动硬盘图标，从弹出的菜单中选择"格式化"命令，单击"确定"按钮。

（3）双击【我的电脑】，打开其窗口。右击 C 盘驱动器，从弹出的快捷菜单中选择"属性"命令，打开"属性"对话框；单击"工具"选项卡，在"查错"区域单击"开始检查"按钮，打开其对话框，在"磁盘检查选项"区域将"自动修复文件系统错误"复选框选中，单击对话框中的【开始】按钮。

（4）单击【开始】|"所有程序"|"附件"|"系统工具"|"磁盘碎片整理"命令，打开"磁盘碎片整理程序"窗口，依次在"磁盘碎片整理程序"窗口中选择要进行碎片整理的磁盘驱动器。先单击"分析"按钮对选定磁盘进行分析，之后，根据系统的建议决定是否进行碎片整理。若系统建议整理，则单击窗口中的"碎片整理"按钮，完成后单击"关闭"按钮，结束磁盘碎片整理操作。

【操作练习】

通过【我的电脑】和"附件"中的"系统工具"，仿照案例，练习磁盘管理操作的方法，同时了解所使用的操作方法的原理。

实验 5　　Word 文档的操作和编辑

【实验目的】

（1）熟练掌握 Word 2003 的启动和退出。

（2）熟练掌握文档的建立、保存、关闭和打开的方法。

（3）掌握文字的查找与替换操作，学会快速有效地修改文本。

（4）掌握中文版式的使用方法。

（5）熟练掌握文档的字符格式和段落格式的设置。

（6）掌握边框和底纹的设置。

（7）掌握页眉和页脚的设置。

（8）掌握分栏的设置。

（9）会使用脚注和尾注。

【实验内容】

(1) Word 2003 的启动和退出。

(2) 创建一个新文档,并输入如下文字。

剪贴板的使用

剪贴板是 Windows 操作系统在内存设置的一个特殊的存储区域,用户可将选定的文字、图形、图像等信息,使用"复制"或"剪切"命令复制到剪贴板上。

剪贴板有个特点:临时存放在剪贴板中的信息可以反复使用,直到你重新启动计算机系统。

"剪切"、"复制"与"粘贴"是与剪贴板有关的三个命令,我们将通过学习这三个命令的使用学会使用剪贴板。

(3) 将该文档保存到桌面上,文件名为"小短文",文件类型为"Word 文档"。

(4) 用查找替换命令对文中的"剪贴板"的格式进行替换,要求:"剪贴板"的格式为楷体、加粗倾斜的三号字,字体颜色为红色、空心字并带有绿色下划线。

(5) 将标题设为黑体、二号字,并将标题加拼音。

(6) 将文中第二自然段内容设为四号字,字间距设置为 2 镑。

(7) 正文所有段落首行缩进 2 字符,行距为固定值 20 磅。

(8) 为文中第三自然段设置边框和底纹。

(9) 设置首字下沉 2 行,据正文 1 厘米。

(10) 全文分为两栏。

(11) 设置页眉"计算机应用基础 Word 2003",插入页码,页码居中。

(12) 插入尾注"摘自《计算机应用基础》",尾注文字为楷体,小五号字,自定义尾注标记。

【操作步骤】

1. Word 2003 的启动和退出

方法有 3 种:

(1) 在【开始】菜单的"程序"子菜单中选择 Microsoft Word。

(2) 利用文档启动 Word 2003。

(3) 利用桌面快捷方式启动 Word 2003。

2. 新建文档

新建一个文档,输入如上短文。

3．保存文档

方法有 3 种：

（1）单击菜单栏中"文件"菜单的"保存"命令，弹出"另存为"对话框。

（2）分别在对话框中的"保存位置"、"文件名"、"文件类型"框内输入给定条件。

（3）单击"保存"按钮，保存文档。

4．使用【查找和替换】命令

1）查找

（1）选择菜单栏中"编辑"菜单下的"查找"命令，弹出"查找和替换"对话框，如图 5-1 所示。

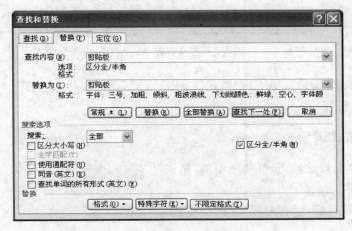

图 5-1　查找和替换设置示例

（2）在"查找内容"框内填入"剪贴板"。

（3）单击"高级"按钮，将"搜索范围"设定为"全部"。

2）替换

（1）单击"替换"选项卡，在弹出的对话框的"替换为"栏内填入"剪贴板"。

（2）将光标移至"替换为"栏内的文字"剪贴板"后面。

（3）先单击对话框内的"高级"按钮，再单击对话框下部的"格式"按钮，弹出"替换字体"对话框。

（4）在对话框内将字体设置为：红色、加粗、空心字、加下划线，如图 5-2 所示。

（5）单击"全部替换"按钮。

（6）若要取消查找内容或替换内容的格式，单击"不限定格式"按钮。

5．中文版式

（1）选中标题，通过工具栏设置标题的字体和字号。

图 5-2　替换内容格式设置

(2) 选中标题,选择菜单中的"格式"|"中文版式"|"拼音指南",打开"拼音指南"对话框,为标题添加拼音。

6. 字体格式设置

(1) 选中第二自然段,选择菜单中的"格式"|"字体"命令,打开"字体"对话框,设为楷体、加粗、四号字。

(2) 选择"字符间距"标签项,字间距设置为 2 镑。

7. 段落设置

(1) 选中正文所有段落,选择菜单中的"格式"|"段落"命令,打开"段落"对话框。

(2) 在缩进项内设置左右各缩进 3 个字符,首行缩进为 2 字符,在间距项内设置段前和段后间距均为 10 磅,行距为固定值 20 磅。

8. 边框和底纹

(1) 选中第三自然段,选择菜单中的"格式"|"边框和底纹"命令,打开"边框和底纹"对话框。

(2) 在边框标签项内选择方框,设置边框的线型、颜色和宽度。

(3) 在底纹标签项内选择填充颜色和图案样式及颜色。

9. 分栏

(1) 选中正文所有段落,选择菜单中的"格式"|"分栏"命令,打开"分栏"对话框。

(2) 在预设项中选择两栏,选择用"分隔线",单击"确定"按钮。

10. 页眉和页脚

(1) 选择菜单中的"视图"|"页眉和页脚",打开"页眉和页脚"工具栏。

(2) 在页眉处插入"计算机应用基础 Word 2003"。

(3) 插入页码:选择菜单中的"插入"|"页码",打开"页码"对话框,设置页码。

11. 首字下沉

(1) 将光标定位在正文开头位置,选择菜单中的"格式"|"首字下沉"命令,打开"首字下沉"对话框。

(2) 在位置项选择"下沉",在选项中选择字体、下沉行数、距正文的间距。

12. 插入脚注和尾注

(1) 选择菜单中的"插入"|"引用"|"脚注和尾注",打开"脚注和尾注"对话框。

(2) 插入尾注,内容为"摘自《计算机应用基础》",尾注文字为楷体、小五号字,自定义编号格式、尾注标记等。

完成实验操作步骤后的效果如图 5-3 所示。

图 5-3 小短文排版后结果示例

【操作练习】

从网上搜索朱自清的"荷塘月色"一文,将其粘贴到新建的 Word 文档中,按照个人的喜好以及文章的意境,修饰全文。再添加页眉和页脚,页眉为"荷塘月色",页脚为页码。

实验6　Word 图形对象的操作

【实验目的】

（1）熟练掌握文本中插入图片、艺术字以及文本框的操作方法。
（2）熟练掌握图形的格式设置，会调整插入图片的大小尺寸。
（3）学会在文本中插入各种艺术字。
（4）熟练掌握图片的各种文字环绕方式，实现图文混排。

【实验内容】

（1）建立如下所示的"电脑小知识"小报。
（2）将小报标题设为任一种艺术字。
（3）插入文本框。
（4）插入任一图片。
（5）实现图文混排。

电脑小知识

键盘的使用 Caps Lock 键：控制 Caps Lock 指示灯。当灯不亮时，键盘处于小写字母状态；当灯亮时，键盘处于大写字母状态。
字母键：
在 Caps Lock 指示灯不亮时，按动"字母键"，输入的是小写英文字母；按"Shift+字母键"，输入的是大写英文字母。写英文字母，按"Shift+字母键"，输入的是小写英文字母。

更改图标排列方式
方法一：右键单击窗口空白处，从右键菜单的"排列图标"子菜单中选择需要的排列方式；
方法二：单击窗口的"查看"菜单，从"排列图标"子菜单中选择需要的排列方式。

电脑小技巧 常用 Windows 快捷键：
　　Windows 打开开始菜单（Windows键就是键盘上那个带 Windows 视窗的键）
　　Windows+M 显示桌面，不用一个个去最小化或关闭各窗口了
　　Windows+D 最小化所有窗口，再按一次 Windows+D 可回到最小化前的窗口
　　Windows+E 打开资源管理器
　　Windows+F 查找
　　Windows+R 运行
　　Windows+U 关闭系统
　　Windows+Pause 打开系统属性
　　Shift+Del 彻底删除，也可以先按住 Shift 键，再单击删除
　　F2 更改文件或文件夹名称
　　Alt+F4 关闭当前视窗（若是点一下桌面再按则为关机）

鼠标的使用
单击：快速按下鼠标左键再松开；
双击：快速两次按动鼠标左键；
拖动：按下鼠标左键后，移动到新位置再松开；
与键盘组合：先按住键盘上的键（通常为 Ctrl、Alt 或 Shift 键）单击鼠标；
滚轮：翻动窗口中的文本。

【操作步骤】

1．创建一个新文档

（1）启动 Word 2003，新建一个空文档。

（2）输入案例所示的文档内容——"电脑小技巧"。

2．格式编辑

（1）将光标移至文中标题处，选择"插入"|"图片"|"艺术字"，插入标题。

（2）将光标移至文中要插入文本框处，选择"插入"|"文本框"命令，依次插入 3 个文本框，一个横排，两个竖排，分别输入案例所示小短文内容，并输入正文："电脑小技巧"。如图 6-1 所示。

图 6-1　插入文本框

（3）选中文本框，右击，选择"设置文本框格式"，在弹出的"设置文本框格式"窗口中，设置文本框的边框线条颜色为"无线条颜色"，如图 6-2 所示。选择"版式"选项卡，设置

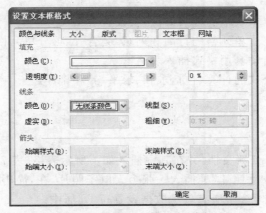

图 6-2　线条颜色设为"无色"

"环绕方式"为"紧密型"。

　　(4) 单击"确定"按钮,实现文本框与正文混排。

　　(5) 将光标移至文中要插入图片处,选择"插入"|"图片"|"来自文件",弹出"插入图片"对话框,选择要插入的图片,单击"插入"命令按钮,将图片插入文中。

　　(6) 选中图片,双击该图片,弹出"设置图片格式"对话框,选择"大小"选项卡,在对话框内设置图片高度×宽度为2×3厘米;再选择"版式"选项卡,选择"环绕方式"为紧密型。

　　(7) 单击"确定"按钮,实现图文混排。

　　(8) 选择"绘图"工具栏"自选图形"中的线条,线型为"虚线",插入文本框与正文之间。线条选择如图6-3所示。

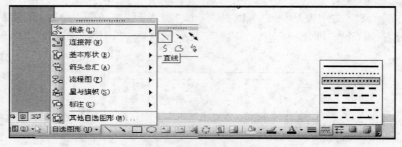

图 6-3 "虚线线型"设置示例

【操作练习】

　　设计一个如范例的小报,要求有艺术字标题、图片以及文本框的插入。

实验 7　Word 表格的制作

【实验目的】

　　(1) 熟练掌握文本中表格的插入方法,会设置表格尺寸。
　　(2) 学会调整表格中单元格的行高和列宽,会合并、拆分单元格。
　　(3) 会用表格的自动套用格式插入表格。
　　(4) 掌握表格中公式的计算(包括求和、求平均)和排序。

【实验内容】

　　(1) 创建一个 Word 新文档,并在其中插入如下所示表格(表7-1和表7-2)。
　　(2) 在表7-1中"1寸照片"处插入一张个人电子照片,在"简历"单元格中添加底纹。
　　(3) 将表7-1和表7-2中所有各项数据设置行、列居中。
　　(4) 新建一个空文档,选择"自动套用格式"中"网格7"插入表格。

　　　　　　　　　　　计算机应用基础实践教程

表 7-1　个人履历表

姓名		性别		民族		1 寸照片
学历		毕业学校		健康状况		
简历						

表 7-2　学生成绩表

成绩　　课程 姓　名	数学	语文	物理	总分
张明	93	70	73	
李亮	78	92	87	
王红	81	76	95	
赵彤	69	89	90	
平均分数				

（5）表 7-2 的表头使用"表格样式"中"样式二"插入，利用表格中"公式"计算出每人的总分及各科平均分，并依照"数学"成绩排序。

【操作步骤】

1. 创建文档

启动 Word 2003，新建一个空文档。

2. 建立及编辑表 7-1

（1）单击"表格"|"插入"|"表格"，在弹出的"插入表格"对话框中，按表 7-1 示例插入

3 行 7 列表格。

（2）选中表格中要合并的单元格，单击"表格"|"合并单元格"命令，按表 7-1 格式制表。在表 7-1 中输入相应文字。

（3）将光标移至表中要插入照片处，选择"插入"|"图片"|"来自文件"，在弹出的"插入图片"对话框中，选择要插入的照片图片，单击"插入"命令按钮，将图片插入单元格中。

（4）选中"简历"单元格，选择"格式"|"边框和底纹"，为单元格添加底纹。

（5）选中表 7-1，单击"表格"|"表格属性"命令，在弹出的"表格属性"对话框中，选择"对齐方式"为"居中"，如图 7-1 所示；再单击"单元格"选项卡，将"垂直对齐方式"选择为"居中"，单击"确定"按钮，如图 7-2 所示。

图 7-1　表格数据"列居中"

图 7-2　表格数据"行居中"

3. 建立及编辑表 7-2

（1）单击"表格"|"插入"|"表格"，在弹出的"插入表格"对话框中，按表 7-2 示例插入 6 行 5 列表格。

（2）在表 7-2 中输入相应内容。

（3）选中表 7-2，单击"表格"|"表格自动套用格式"，弹出"表格自动套用格式"对话框，在格式中选择"网格 7"，单击"确定"按钮。

（4）将插入点移入表头单元格中，单击"表格"|"绘制斜线表头"命令，弹出"插入斜线表头"对话框，在"表头样式"中选择"样式二"插入并按示例输入相应内容。

（5）选中表 7-2，右击，在弹出的快捷菜单中选择"表格属性"命令，选择"对齐方式"为居中；再单击"单元格"选项卡，将"垂直对齐方式"设置为"居中"，单击"确定"按钮。

（6）选中表 7-2，右击，在弹出的快捷菜单中选择"边框和底纹"命令，在弹出的"边框和底纹"对话框中单击"边框"选项卡，将表格外边框的"宽度"设为"1 磅"，单击"确定"按钮。

4. 利用"公式"计算表 7-2 中的数据

（1）将插入点移入表 7-2 中的 E2（即张明的总分单元格）中，单击"表格"|"公式"命令，弹出"公式"对话框，在"公式"处输入"SUM(b2:d2)"，单击"确定"按钮。依次按要求

计算出其余的总分,如图7-3所示。

(2) 将插入点移入表7-2中的B6(即张明的平均分单元格)中,单击"表格"|"公式"命令,弹出"公式"对话框,在"公式"处输入"AVERAGE(b2:b5)",单击"确定"按钮。依次按要求计算出其余的平均分,如图7-4所示。

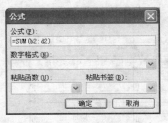　

图7-3　计算"总分"　　　　　　图7-4　计算"平均分"

(3) 选中表7-2的第二列,单击"表格"|"排序"命令,弹出"排序"对话框,在"主关键字"框输入"数学","类型"选择"数字","降序"排列,"列表"选择"有标题行",单击"确定"按钮,按数学成绩排序。

【操作练习】

在Word文档中设计一份类似于本实验的"自荐书"及"统计表"。

实验8　Excel工作表的操作

【实验目的】

(1) 掌握工作表的基本操作。
(2) 熟悉工作表的编辑。
(3) 掌握函数和公式的计算。
(4) 掌握格式化工作表。

【实验内容】

1. 创建如图8-1所示的"学生成绩表"。
要求:

(1) 标题"学生成绩表"合并居中,字体为楷体加粗,字号为18。

(2) 将"王含"的数学成绩改成75分。

(3) 删除"亚菲"同学的记录。

(4) 在A7单元格中输入"平均分",并分别

图8-1　学生成绩表

计算"总分"和各科"平均分"。

（5）给该工作表添加边框线，外边框为双线，内部框为单线；列标题添加12.5%灰色底纹。

2．利用本实验的结果，要求使用以下几种分析方法：最高分、最低分、排名、分频段人数、占总人数比例，对每个人的数学成绩进行分析。成绩分析结果如图8-2所示。

	A	B	C	D	E	F	G	H	I	J
1		学生成绩表					数学成绩分析表			
2	姓名	数学	英语	政治	总分	排名		分频段人数	占总人数比例	等级分段点
3	海涛	65	87	84	236	4	90分以上	1	25%	100
4	赵青楚	95	85	89	269	1	80--89分	0	0%	89
5	宗月红	72	90	91	253	2	70--79分	2	50%	79
6	王含	75	75	87	237	3	60--69分	1	25%	69
7	平均分	76.75	84.25	87.75			0--59分	0	0%	59
8							总人数	4		
9							最高分	95		
10							最低分	65		

图 8-2　数学成绩分析表

【案例1 操作步骤】

1．建立"学生成绩表"

（1）启动 Excel，创建新工作簿。

（2）选择 A1 单元格，输入"学生成绩表"，按 Enter 键，或单击√按钮。

（3）分别在 A2、B2、C2、D2 和 E2 单元格内输入"姓名"、"数学"、"英语"、"政治"和"总分"。

（4）在学生成绩表中输入相应数据。

（5）单击"文件"菜单，选择"保存"|"另存为"命令，在弹出的"另存为"对话框中，选择文件的"保存位置"，给出文件名，单击"保存"按钮。

2．表格的编辑

（1）标题合并居中。选中 A1：E1 单元格区域，单击"工具栏"上的"合并及居中"按钮，选择"字体"中的楷体和18号字。

（2）选中 B7 单元格，输入 75。

（3）选中第5行中的任意一个单元格，单击"编辑"|"删除"命令，打开"删除"对话框，选择"整行"单选按钮。

（4）在 A7 单元格中输入"平均分"。

3．表格内数据的计算

（1）选中 E3 单元格，输入公式"＝B3＋C3＋D3"，按 Enter 键。利用 E3 单元格填充柄向下复制公式到 E6 单元格。完成所有人总分的计算。

（2）选中 B7 单元格，单击"编辑栏"上的"插入函数"，打开"插入函数"对话框，在"选择函数"下拉列表框中选择"Average"函数，单击"确定"按钮。

（3）在"函数参数"对话框的 Number1 中输入要计算的单元格区域 B3:B6，单击"确定"按钮。利用 B7 单元格填充柄向右复制公式到 D7 单元格。完成各科成绩的平均分统计，如图 8-3 所示。

4. 格式化工作表

（1）选中 A2:E7 单元格区域，单击"格式"|"单元格"命令，打开"单元格格式"对话框，切换到"边框"选项卡，选中"样式"中的单实线，单击"内部"按钮；选中"样式"中的双实线，单击"外边框"按钮，单击"确定"按钮。

（2）选中 A2:E2 单元格区域，在"单元格格式"对话框中，单击"图案"选项卡，选择"图案"中的 12.5％灰色，单击"确定"按钮，如图 8-4 所示。

B7		▼	fx	=AVERAGE(B3:B6)
	A	B	C	D	E
1			学生成绩表		
2	姓名	数学	英语	政治	总分
3	海涛	65	87	84	236
4	赵青楚	95	85	89	269
5	宗月红	72	90	91	253
6	王合	75	75	87	237
7	平均分	76.75	84.25	87.75	

图 8-3　函数计算后的结果

	A	B	C	D	E
1			学生成绩表		
2	姓名	数学	英语	政治	总分
3	海涛	65	87	84	236
4	赵青楚	95	85	89	269
5	宗月红	72	90	91	253
6	王合	75	75	87	237
7	平均分	76.75	84.25	87.75	

图 8-4　格式化后的学生成绩表

【案例 2 操作步骤】

1. 建立数学分析表框架

在 H2:J2 单元格区域中分别输入"分频段人数"、"占总人数比例"和"等级分段点"。在 G3:G10 单元格区域中分别输入各分数段以及"总人数"、"最高分"和"最低分"。在 J3:J7 中分别输入各等级分段点：100、89、79、69 和 59。

2. 分析计算结果

（1）选中 H3:H7 单元格区域，单击编辑栏，输入公式"=FREQUENCY(B3:B6，$J$3:$J$7)"，按 Ctrl＋Shift＋Enter 组合键结束，单元格区域 H3:H7 显示出计算结果。

也可以使用"插入函数"按钮，在"函数参数"对话框中输入或选定所需要的参数，如图 8-5 所示，按组合键结束。结果如图 8-6 所示。

（2）选中 H3:H7 单元格区域，单击"工具栏"上的 Σ 按钮，计算出总人数。也可以使用函数或公式计算。

（3）"最高分"和"最低分"的计算，请参考"平均分"的计算方法。

（4）选中 I3 单元格，输入公式"=H3/$H$8"，按 Enter 键。利用该单元格填充柄向下拖动到 I7 单元格。完成"占总人数比例"的统计。

（5）选择 F2 单元格，输入"排名"。选中存放结果的单元格 F3，输入公式"=RANK(E3，$E$3:$E$6)"，拖动该单元格填充柄到 F6 单元格。完成按总分排名。也可以利用"插入函数"。

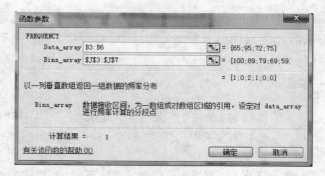

图 8-5 "函数参数"对话框

H3	▼	fx	{=FREQUENCY(B3:B6,$J$3:$J$7)}						
	A	B	C	D	E	F	G	H	I	J

	A	B	C	D	E	F	G	H	I	J
1	学生成绩表						同学成绩分析表			
2	姓名	数学	英语	政治	总分			分频段人数	占总人数比例	等级分段点
3	海涛	65	87	84	236		90分以上	1		100
4	赵青楚	95	85	89	269		80—89分	0		89
5	宗月红	72	90	91	253		70—79分	2		79
6	王含	75	75	87	237		60—69分	1		69
7	平均分	76.75	84.25	87.75			0—59分	0		59
8							总人数			
9							最高分			
10							最低分			

图 8-6 计算分频段人数

【操作练习】

（1）创建如图 8-7 所示的电子表格。

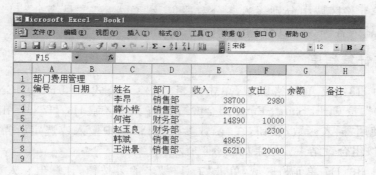

图 8-7 操作练习表

（2）删除"备注"列；在"李昂"后面插入一行，输入"王伟　销售部　37000"；标题合并居中，字体为黑体，字号为 20。

（3）使用自动填充数据输入编号（1、2…）；日期格式设置为"m-d"（日期可任意给定），居中显示；表中文字格式为宋体、12 号字。

（4）计算出余额；"收入"、"支出"和"余额"的格式设为"￥＃，＃＃0.00；￥-＃，＃＃0.00"。

（5）表格外边框为粗实线，内部为细实线；列标题的底纹设为浅绿。

实验 9　Excel 图表的制作

【实验目的】

（1）掌握图表的制作方法。
（2）熟悉编辑图表的方法。
（3）掌握图表的格式化操作。

【实验内容】

利用实验 8 中案例 2 的结果，通过各分数段、分频段人数和占总人数比例数据序列创建图表。图表类型为"数据点折线图"，系列产生在"列"，图表标题为"数学成绩分析表"，并将图表嵌入到该工作表中。改变绘图区的背景为信纸，图例背景改为薄雾浓云，分类轴、数值轴的字号均为 10，适当调整图表的大小和位置。

【操作步骤】

1．插入图表

（1）选定各分数段、分频段人数和占总人数比例所在数据序列 G2:I7 单元格区域，单击"插入"|"图表"命令，打开"图表向导"对话框，选定"图表类型"中的"折线图"，在"子图表类型"中选择"数据点折线图"，如图 9-1 所示。

（2）单击"下一步"按钮，打开"图表向导—4 步骤之 2—图表源数据"对话框，如图 9-2

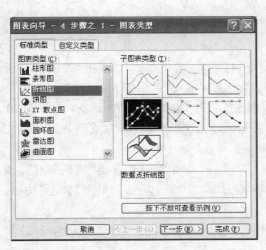

图 9-1　图表向导—4 步骤之 1—图表类型

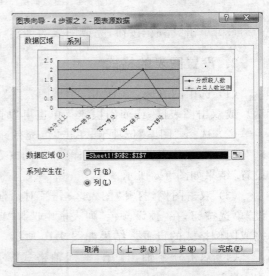

图 9-2　图表向导—4 步骤之 2—图表源数据

所示。在"数据区域"中应显示的是被选中的数据序列"＝Sheet1！$G$2：$I$7","系列产生在"为"列"。

（3）单击"下一步"按钮,打开"图表向导—4 步骤之 3—图表选项"对话框,分别设置图表各选项,在图表标题栏中输入标题"数学成绩分析表",如图 9-3 所示。

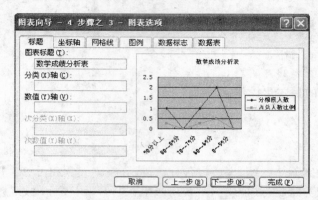

图 9-3　图表向导—4 步骤之 3—图表选项

（4）单击"下一步"按钮,打开"图表向导—4 步骤之 4—图表位置"对话框,选择"作为其中的对象插入"单选按钮,如图 9-4 所示。

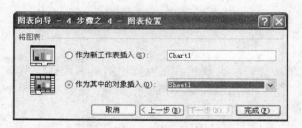

图 9-4　图表向导—4 步骤之 4—图表位置

（5）单击"完成"按钮,完成图表的创建,如图 9-5 所示。

2．设置图表的格式

（1）选中图表区,单击"格式"|"图表区"命令,打开"图表区格式"对话框,如图 9-6 所示。或双击图表区,或使用快捷菜单也可以打开"图表区格式"对话框。

（2）选择"图案"选项卡,单击"填充效果"按钮,打开"填充效果"对话框,切换到"纹理"选项卡,选中其中的"信纸"样式,如图 9-7 所示。单击"确定"按钮,完成图表区的格式设置,结果如图 9-8 所示。

（3）双击图例,打开"图表区格式"对话框,单击"填充效果"按钮,选择"颜色"中的"预设"单选按钮,在"预设颜色"列表框中选择"薄雾浓云",如图 9-9 所示。单击"确定"按钮,完成图例格式的设置。结果如图 9-10 所示。

（4）双击分类轴,打开"坐标轴格式"对话框,分别将分类轴和数值轴的字号设置为 10。

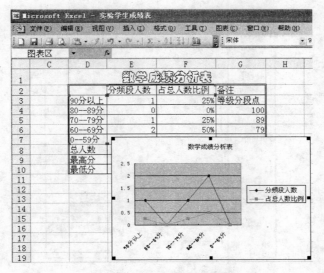

图 9-5　插入图表后的工作表

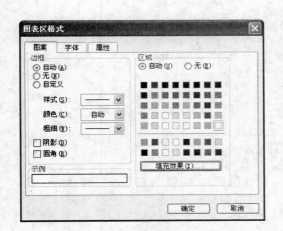

图 9-6　"图表区格式"对话框

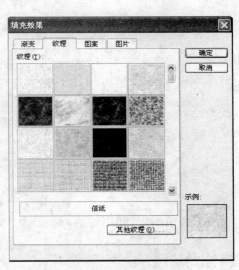

图 9-7　"填充效果"对话框

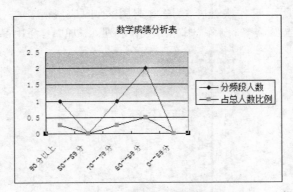

图 9-8　图表区格式设置

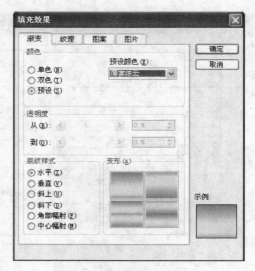

图 9-9 "填充效果"对话框

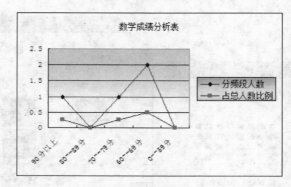

图 9-10 图例格式设置

（5）选中图表，利用句柄调整图表大小，按住鼠标左键，将图表拖放到合适的位置。

【操作练习】

根据如图 9-11 所示工作表建立一嵌入式图表，图表类型为"三维簇状柱形图"，并对其大小位置进行适当调整；删除"书籍"数据系列，添加"体育用品"数据系列，其利润

图 9-11 操作练习表

计算机应用基础实践教程

额可任意给定,观察图表的变化;为图表添加标题"第一季度商品利润额表(万元)"。最后,将该图表转变为"堆积折线图";分别设置图表各选项的格式,格式样式随意选定;标题居中。

实验 10　Excel 数据管理

【实验目的】

(1) 了解建立数据清单的方法。
(2) 熟练掌握数据的排序和筛选。
(3) 掌握数据分类汇总的方法。
(4) 了解数据透视表的使用。

【实验内容】

(1) 建立如图 10-1 所示数据清单。

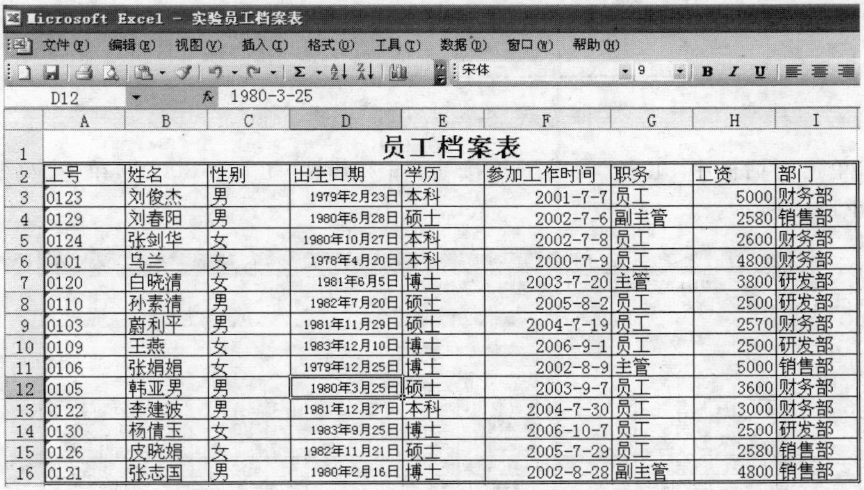

图 10-1　员工档案表

(2) 对"工号"一列按递增顺序排序。
(3) 筛选出"工资"大于 3000 元的员工记录。
(4) 筛选"研发部"和"销售部"学历为博士的人员记录。
(5) 汇总各部门员工的工资。
(6) 统计各部门学历,建立人才结构透视表。

【操作步骤】

1. 建立数据清单

启动 Excel,建立如图 10-1 所示"员工档案表"。

2. 排序

将光标定位在 A 列任意单元格中,单击工具栏上的"升序"按钮。

3. 使用"自动筛选"

(1) 将光标定位在数据清单中的任意单元格中,单击"数据"|"筛选"|"自动筛选"命令,单击"工资"单元格的下拉箭头,打开"自定义自动筛选方式"对话框,如图 10-2 所示。

图 10-2 "自定义自动筛选方式"对话框

(2) 单击对话框中"工资"项的下拉按钮,输入条件"工资>3000",单击"确定"按钮。结果如图 10-3 所示。

	A	B	C	D	E	F	G	H	I
				员工档案表					
2	工号	姓名	性别	出生日期	学历	参加工作时间	职务	工资	部门
3	0101	乌兰	女	1978年4月20日	本科	2000-7-9	员工	4800	财务部
5	0105	韩亚男	男	1980年3月25日	硕士	2003-9-7	员工	3600	财务部
6	0106	张娟娟	女	1979年12月25日	博士	2002-8-9	主管	5000	销售部
9	0120	白晓清	女	1981年6月5日	博士	2003-7-20	主管	3800	研发部
10	0121	张志国	男	1980年2月16日	博士	2002-8-28	副主管	4800	销售部
12	0123	刘俊杰	男	1979年2月23日	本科	2001-7-7	员工	5000	财务部

图 10-3 自定义筛选结果

4. 使用"高级筛选"

建立"条件区域":在 B18:C20 单元格区域中输入要筛选的条件,如图 10-4 所示。

单击"数据"|"筛选"|"高级筛选"命令,打开"高级筛选"对话框,如图 10-5 所示,将光标定位在"条件区域"文本框中,选中 B18:C20 单元格区域,单击"确定"按钮。结果如图 10-6 所示。

Microsoft Excel - 实验员工档案表

文件(F)　编辑(E)　视图(V)　插入(I)　格式(O)　工具(T)　数据(D)　窗口(W)　帮助(H)

G15　　副主管

员工档案表

	A	B	C	D	E	F	G	H	I
2	工号	姓名	性别	出生日期	学历	参加工作时间	职务	工资	部门
3	0101	乌兰	女	1978年4月20日	本科	2000-7-9	员工	4800	财务部
4	0103	蔚利平	男	1981年11月29日	硕士	2004-7-19	员工	2570	财务部
5	0105	韩亚男	男	1980年3月25日	硕士	2003-9-7	员工	3600	财务部
6	0106	张娟娟	女	1979年12月25日	博士	2002-8-9	主管	5000	销售部
7	0109	王燕	女	1983年12月10日	博士	2006-9-1	员工	2500	研发部
8	0110	孙素清	男	1982年7月20日	硕士	2005-8-2	员工	2500	研发部
9	0120	白晓清	女	1981年6月5日	博士	2003-7-20	主管	3800	研发部
10	0121	张志国	男	1980年2月16日	博士	2002-8-28	副主管	4800	销售部
11	0122	李建波	男	1981年12月27日	本科	2004-7-30	员工	3000	财务部
12	0123	刘俊杰	男	1979年2月23日	本科	2001-7-7	员工	5000	财务部
13	0124	张剑华	男	1980年10月27日	本科	2002-7-8	员工	2600	研发部
14	0126	皮晓娟	女	1982年11月21日	硕士	2005-7-29	员工	2580	销售部
15	0129	刘春阳	男	1980年6月28日	硕士	2002-7-6	副主管	2580	销售部
16	0130	杨倩玉	女	1983年9月25日	博士	2006-10-7	员工	2500	研发部
17									
18		部门	学历						
19		研发部	博士						
20		销售部	博士						

图 10-4　建立筛选区域

图 10-5　"高级筛选"对话框

Microsoft Excel - 实验员工档案表

文件(F)　编辑(E)　视图(V)　插入(I)　格式(O)　工具(T)　数据(D)　窗口(W)　帮助(H)

F7　　工号

员工档案表

	A	B	C	D	E	F	G	H	I
2	工号	姓名	性别	出生日期	学历	参加工作时间	职务	工资	部门
6	0106	张娟娟	女	1979年12月25日	博士	2002-8-9	主管	5000	销售部
7	0109	王燕	女	1983年12月10日	博士	2006-9-1	员工	2500	研发部
9	0120	白晓清	女	1981年6月5日	博士	2003-7-20	主管	3800	研发部
10	0121	张志国	男	1980年2月16日	博士	2002-8-28	副主管	4800	销售部
16	0130	杨倩玉	女	1983年9月25日	博士	2006-10-7	员工	2500	研发部
17									
18		部门	学历						
19		研发部	博士						
20		销售部	博士						

图 10-6　高级筛选结果

5. 使用"分类汇总"

将光标定位在"部门"一列任意单元格中，单击工具栏上的"升序"或"降序"按钮。单击"数据"菜单，选择"分类汇总"命令，打开"分类汇总"对话框，如图 10-7 所示，在"分类字段"中选择"部门"，在"汇总方式"中选择"求和"，在"选定汇总项"中选择"工资"，单击"确定"按钮。结果如图 10-8 所示。

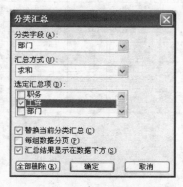

图 10-7 "分类汇总"对话框

	A	B	C	D	E	F	G	H	I
1				员工档案表					
2	工号	姓名	性别	出生日期	学历	参加工作时间	职务	部门	工资
3	0101	乌兰	女	1978年4月20日	本科	2000-7-9	员工	财务部	4800
4	0103	蔚利平	男	1981年11月29日	硕士	2004-7-19	员工	财务部	2570
5	0105	韩亚男	男	1980年3月25日	硕士	2003-9-7	员工	财务部	3600
6	0122	李建波	男	1981年12月27日	本科	2004-7-30	员工	财务部	3000
7	0123	刘俊杰	男	1979年2月23日	本科	2001-7-7	员工	财务部	5000
8	0124	张剑华	女	1980年10月27日	本科	2002-7-8	员工	财务部	2600
9								财务部 汇总	21570
10	0106	张娟娟	女	1979年12月25日	博士	2002-8-9	主管	销售部	5000
11	0121	张志国	男	1980年2月16日	博士	2002-8-28	副主管	销售部	4800
12	0126	皮晓娟	女	1982年11月21日	硕士	2005-7-29	员工	销售部	2580
13	0129	刘春阳	男	1980年6月28日	硕士	2002-7-6	副主管	销售部	2580
14								销售部 汇总	14960
15	0109	王燕	女	1983年12月10日	博士	2006-9-1	员工	研发部	2500
16	0110	孙素清	男	1982年7月20日	硕士	2005-8-2	员工	研发部	2500
17	0120	白晓清	女	1981年6月5日	博士	2003-7-20	主管	研发部	3800
18	0130	杨倩玉	女	1983年9月25日	博士	2006-10-7	员工	研发部	2500
19								研发部 汇总	11300
20								总计	47830

图 10-8 "分类汇总"后的结果

6. 建立人才结构透视表

将光标定位在数据清单任意单元格中，单击"数据"|"数据透视表和数据透视图"命令，打开"数据透视表和数据透视图向导—布局"对话框。

将字段"部门"拖放到行，将字段"学历"拖放到列，将"学历"拖放到数据区域，如图 10-9 所示，单击"确定"按钮，结果如图 10-10 所示。

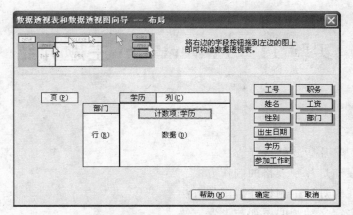

图 10-9　"数据透视表和数据透视图向导—布局"对话框

图 10-10　人才结构透视表

【操作练习】

（1）对如图 10-11 所示的"商品库存表"计算出总计；按数量进行降序排列；筛选单价在 2000～9000 元之间的商品。

（2）对如图 10-12 所示的"图书商品表"计算出总价；按类别进行分类汇总，统计出每种类别图书的数量和总价。

	A	B	C	D	E
1	商品名称	型号	单价	数量	总计
2	打印机	Epson	2600	25	
3	电脑	联想	8880	28	
4	电脑	海尔	9860	14	
5	打印机	Canon	1430	30	
6	电脑	Tcl	9999	10	

图 10-11　商品库存表

	A	B	C	D	E
1	图书名称	类别	单价	数量	总价
2	红楼梦	小说	20.8	38	
3	VB入门	教材	35	50	
4	围城	小说	18.5	26	
5	电路	教材	22	13	
6	高等数学	教材	26	30	

图 10-12　图书商品表

实验 11   PowerPoint 主题介绍

【实验目的】

(1) 掌握幻灯片版式的选择方法。
(2) 掌握在幻灯片中表格的制作方法。
(3) 掌握在幻灯片中制作柱形图的方法。
(4) 掌握自定义动画的添加与设置方法。
(5) 掌握幻灯片的放映方法。

【实验内容】

本实验要求制作某一培训机构关于"计算机等级(二级)考试"相关情况介绍的演示文稿。
本案例需要建立如图 11-1 所示的 4 张幻灯片。

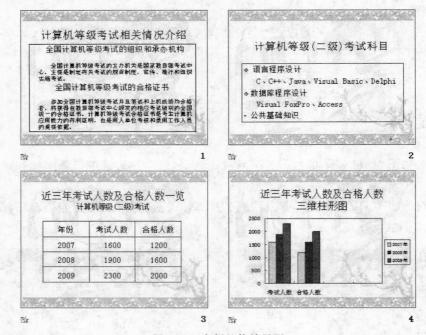

图 11-1   案例整体效果图

其中：

(1) 第一张幻灯片的版式设置为"标题和文本"；标题内容为"计算机等级考试相关情
况介绍"；文本内容为：

全国计算机等级考试的组织和承办机构：

全国计算机等级考试的主办机关是国家教育部考试中心，主要是制定有关考试的规章制度，宣传、推行和组织实施考试。

全国计算机等级考试的合格证书：

参加全国计算机等级考试并且笔试和上机成绩均合格者，将获得由教育部考试中心颁发的相应考试级别的全国统一的合格证书。计算机等级考试合格证书是考生计算机应用能力的有利证明，也是用人单位考核和录用工作人员的重要依据。

（2）第二张幻灯片的版式设置为"标题和文本"；标题内容为"计算机等级（二级）考试科目"，文本内容为：

- 语言程序设计
  C、C++、Java、Visual Basic、Delphi
- 数据库程序设计
  Visual FoxPro、Access
- 公共基础知识

（3）第三张幻灯片的版式设置为"标题和表格"；标题内容为"近三年考试人数及合格人数一览 计算机等级（二级）考试"。在下面插入一个"4行3列"的表格，表格内容如图11-2所示。

（4）第四张幻灯片的版式设置为"标题和图表"，标题为"近三年考试人数及合格人数 三维柱形图"，在下面插入一个"三维柱形图"。

年份	考试人数	合格人数
2007	1600	1200
2008	1900	1600
2009	2300	2000

图 11-2　插入表格内容

（5）为各张幻灯片中的文本内容设置字体格式（格式自定），为各张幻灯片上的对象添加动画效果（效果自定）。整体效果如图11-1(4)所示。

【操作步骤】

1. 建立幻灯片

1）建立第一张幻灯片

（1）启动 PowerPoint 2003，打开任务窗格，选择"幻灯片版式"，在列表框中选择"标题和文本"版式。

（2）在标题占位符中输入文本"计算机等级考试相关情况介绍"。设置格式为：宋体、44磅、红色、水平居中对齐。

（3）在文本占位符中输入案例要求的文本内容。设置其中的两个小标题文字的格式为：隶书、32磅、蓝色、水平居中对齐。两段文本的格式为：楷体、24磅、水平居中对齐。

（4）为文本框添加蓝色线条边框。

2）建立第二张幻灯片

（1）插入一张"标题和文本"版式的新幻灯片。

（2）在标题占位符中输入文本"计算机等级（二级）考试科目"。设置文本的格式为：宋体、44磅、红色、水平居中对齐。

（3）在文本占位符中输入案例要求的文本内容。设置文本的格式为：宋体、32磅。

（4）为文本框添加绿色线条边框。

3）建立第三张幻灯片

（1）插入一张"标题和表格"版式的新幻灯片。

（2）在标题占位符中输入文本"近三年考试人数及合格人数一览 计算机等级（二级）考试"。设置文本的格式为：宋体、40磅、红色、水平居中对齐。

（3）在表格占位符中双击鼠标，插入一个4行、3列的表格，按照案例要求输入数据，如图11-2所示，适当调整表格的大小。

设置表格中的文字格式为：宋体、32磅，表头文字颜色为蓝色，数据颜色为绿色。

4）建立第四张幻灯片

（1）插入一张"标题和图表"版式的新幻灯片。

（2）在标题占位符中输入文本"近三年考试人数及合格人数 三维柱形图"。设置文本的格式为：宋体、40磅、红色、水平居中对齐。

（3）在图表占位符中双击鼠标，将打开的"数据表"模板中的数据全部删除，将上一张幻灯片表格中的数据全部选中，复制并粘贴到"数据表"模板中，在幻灯片的空白处单击即可完成图表（柱形图）的建立，如图11-3所示。

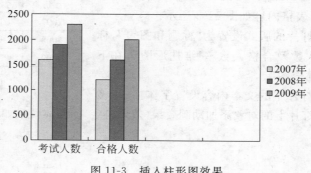

图11-3　插入柱形图效果

2. 应用幻灯片设计模板

单击"格式"|"幻灯片设计"命令，选择"诗情画意"设计模板，并选择"应用于所有的幻灯片"。

3. 设置幻灯片切换方式

打开任务窗格，选择"幻灯片切换"命令或选择菜单"幻灯片放映"|"幻灯片切换"命令，选择"盒状展开"切换效果，"速度"为"慢速"，声音为"风铃"。单击"应用于所有的幻灯片"按钮。

4. 设置幻灯片动画效果

1）设置第一张幻灯片的动画效果

（1）选中"标题"对象，单击"幻灯片放映"|"自定义动画"菜单命令，打开任务窗格，单

击"添加效果"按钮,选择"进入"|"飞入"效果。开始:选择"之前";方向:选择"自顶部";速度:选择"快速"。

（2）选中"文本框"对象,单击"添加效果"按钮,选择"进入"|"颜色打字机"效果。开始:选择"之后";速度:选择"非常快"。

2）设置第二张幻灯片的动画效果

（1）选中"标题"对象,单击"添加效果"按钮,选择"进入"|"飞入"效果。开始:选择"之后";方向:选择"自左侧";速度:选择"中速"。

（2）选中"文本框"对象,单击"添加效果"按钮,选择"进入"|"飞入"效果。开始:选择"之后";方向:选择"自底部";速度:选择"快速"。

3）设置第三张幻灯片的动画效果

（1）选中"标题"对象,单击"添加效果"按钮,选择"进入"|"渐入"效果。开始:选择"之后";速度:选择"中速"。

（2）选中"表格"对象,单击"添加效果"按钮,选择"进入"|"圆形扩展"效果。开始:选择"之后";方向:选择"向外";速度:选择"中速"。

4）设置第四张幻灯片的动画效果

（1）选中"标题"对象,单击"添加效果"按钮,选择"进入"|"空翻"效果。开始:选择"之后";速度:选择"快速"。

（2）选中"图表"对象,单击"添加效果"按钮,选择"进入"|"缩放"效果。开始:选择"之后";显示比例:选择"从内";速度:选择"快速"。

【操作练习】

仿照本实验,制作"介绍你所在班级的情况及生源地比例图"的演示文稿。

实验 12 PowerPoint 函数曲线的制作

【实验目的】

（1）掌握幻灯片版式的选择及模板的应用方法。
（2）掌握自定义动画效果的添加与设置方法。
（3）掌握自选图形中曲线的画法。

【实验内容】

本实验要求制作$[-3\pi/2,3\pi/2]$区间的动态余弦函数图形,本案例需要建立如图 12-1 所示的 3 张幻灯片。

其中:

图 12-1　整体效果图

（1）第一张幻灯片的版式设置为"标题和文本"，标题内容为"余弦函数"，文本内容为：

- 公式：
  Y＝COS(X)
- 变量的取值范围：
  $(-\infty, +\infty)$
- 结果范围：
  $[-1, +1]$

（2）第二张幻灯片的版式设置为"标题和表格"，标题内容为"取样值$[-3\pi/2, 3\pi/2]$"，在下面插入一个"2 行 8 列"的表格，表格内容如图 12-2 所示。

X	$-\dfrac{3\pi}{2}$	$-\pi$	$-\dfrac{\pi}{2}$	0	$\dfrac{\pi}{2}$	π	$\dfrac{3\pi}{2}$
Y	0	-1	0	1	0	-1	0

图 12-2　表格内容

（3）第三张幻灯片的版式设置为"标题和文本"，标题内容为"余弦波形图"，在下面的文本框中绘制余弦波形轨迹图形，要求绘制$[-3\pi/2, 3\pi/2]$区间的（关于 Y 轴对称的）波形轨迹，再制作一个"开始"的动作按钮。

（提示：先绘制$[0, 3\pi/2]$区间的图形轨迹，然后复制该曲线并且水平翻转即可得到$[-3\pi/2, 0]$区间的关于 Y 轴对称的另一半图形轨迹）。

（4）绘制一个动态小球：在余弦函数图形轨迹的开始处绘制一个微小的圆圈作为小球，填充颜色为"红色"，并为小球绘制自定义动作曲线，动作曲线要与余弦函数的曲线轨迹拟合。要求幻灯片放映时，当单击"开始"按钮时，小球自动地从曲线开始处沿波形轨迹运行到曲线结束处。

（5）为各张幻灯片中的文本内容设置字体格式（格式自定），为各张幻灯片上的对象添加动画效果（效果自定）。整体效果如图 12-1 所示。

【操作步骤】

1. 建立文档

1) 建立第一张幻灯片

(1) 启动 PowerPoint 2003,单击"格式"|"幻灯片版式",在打开的任务窗格中选择"幻灯片版式",在列表框中选择"标题和文本"版式。

(2) 在标题占位符中输入文本"余弦函数"。设置文本的格式为:宋体、44 磅、红色、水平居中对齐、填充颜色为黄色。

(3) 在文本占位符中输入案例要求的内容。设置文本的格式为:宋体、32 磅、蓝色、左对齐。

2) 建立第二张幻灯片

(1) 插入一个"标题和表格"版式的新幻灯片。

(2) 在标题占位符中输入案例要求的内容。设置文本的格式为:宋体、44 磅、水平居中对齐、填充颜色为湖蓝色。

(3) 在文本占位符中插入一个 2 行 8 列的表格。

(4) 在表格第 1 行和第 2 行的单元格中依次输入如图 12-2 所示的内容。

(5) 设置表格中数据的格式为:宋体、28 磅、水平居中、垂直居中、填充颜色为黄色。适当调整表格的大小和位置。

3) 建立第三张幻灯片

(1) 插入一个"标题和文本"版式的新幻灯片。

(2) 在标题占位符中输入"余弦波形图 $[-3\pi/2, 3\pi/2]$"。设置文本的格式为:宋体、44 磅、水平居中对齐、填充颜色为粉色。

(3) 选中文本框绘制二维坐标系:选择绘图工具栏中的"自选图形"|"线条"|"箭头"命令,在文本框中绘制两条相互垂直并且相交的箭头。在 X 轴的箭头处插入"文本框",输入字符"X",按照同样的方法在 Y 轴箭头处输入字符"Y",在原点处输入数字"0"。

(4) 使用辅助线(表格)绘制坐标轴刻度:插入一个 2 行 3 列的表格,适当调整表格的大小,移动表格使表格的左边线与 Y 轴重合,表格的第一行和第二行的分界线与 X 轴重合,利用自选图形中的画直线按钮在每个与 X 轴和 Y 轴的相交处分别画出刻度标记,然后在与 X 轴相交的 3 个主要刻度下方利用横排"文本框"分别输入字符"$\pi/2$"、"π"、"$3\pi/2$"。效果如图 12-3 所示。

(5) 绘制正弦曲线:在绘图工具栏中选择"自选图形"|"线条"|"曲线"命令,从与 Y 轴的相交处开始,根据高度辅助线和 X 轴刻度线的位置提示,绘制波形曲线。提示:每画到一个最值位置时单击,画到曲线结束处双击。效果如图 12-4 所示。

(6) 删除辅助线:选中表格按 Del 键删除表格,余弦曲线波形图右半部分就制作完成

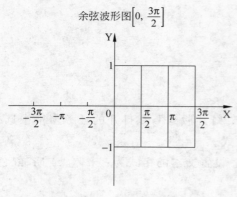

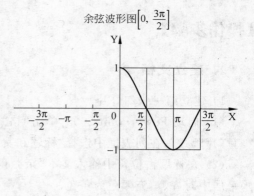

图 12-3　刻度效果图　　　　　　　　　　图 12-4　[0,3π/2] 余弦波形图

了。效果如图 12-5 所示。

（7）选中制作出的右半部分波形图，复制一个相同的波形图，选中复制出的波形图，再选择"绘图"|"旋转或翻转"|"水平翻转"命令，将会得到另一半对称的图形，将其移动到坐标原点的左边相应的位置上即可。这样，一个完整的 [−3π/2,3π/2] 区间的余弦波形图就制作完成了。

（8）选择绘图工具栏上的"椭圆"工具，按下 Shift 键画一个微小的"圆形"图形，并填充颜色为红色，然后将其放在波形曲线的开始位置。

（9）选择"幻灯片放映"|"动作按钮"|"自定义"工具，在余弦图形的右上方画一个命令按钮，单击"确定"按钮即可。在按钮上添加文字"开始"，并任意设置一种填充效果。

第三张幻灯片效果图如图 12-6 所示。

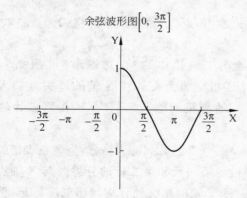

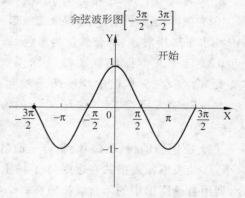

图 12-5　[0,3π/2] 余弦波形图　　　　　　图 12-6　[−3π/2,3π/2] 余弦波形图

2. 应用幻灯片设计模板

打开任务窗格，选择"幻灯片设计"命令，选择"Crayons"设计模板，选择"应用于所有的幻灯片"。

3. 设置幻灯片切换方式

选择"幻灯片切换"命令或选择菜单"幻灯片放映"|"幻灯片切换"命令,在打开任务窗格中选择"从右上抽出"切换效果,"速度"为"慢速",声音为"风铃"。单击"应用于所有的幻灯片"按钮。

4. 设置幻灯片动画效果

1) 设置第一张幻灯片的动画效果

(1) 选中"标题"对象,单击"幻灯片放映"|"自定义动画"菜单命令,打开任务窗格,单击"添加效果"按钮,选择"进入"|"螺旋飞入"效果。开始:选择"之后";速度:选择"快速"。

(2) 选中"文本框"对象,单击"添加效果"按钮,选择"进入"|"颜色打字机"效果。开始:选择"之后";速度:选择"非常快"。

2) 设置第二张幻灯片的动画效果

(1) 选中"标题"对象,单击"添加效果"按钮,选择"进入"|"飞入"效果。开始:选择"之后";方向:选择"自左侧";速度:选择"非常快"。

(2) 选中"表格"对象,单击"添加效果"按钮,选择"强调"|"忽明忽暗"效果。开始:选择"之后";速度:选择"中速"。

3) 设置第三张幻灯片的动画效果

(1) 选中"标题"对象,单击"添加效果"按钮,选择"进入"|"旋转"效果。开始:选择"之后";方向:选择"水平";速度:选择"中速"。

(2) 选中"椭圆"图形,单击"添加效果"按钮,选择"动作路径"|"绘制自定义路径"|"曲线"命令,从椭圆对象上从余弦图形的开始处沿着余弦图形的轨迹画到余弦图形的结束处。速度:选择"非常慢"。

(3) 在效果栏中选择"椭圆"对象,单击右侧的下拉按钮,选择"计时"命令,选择"触发器"按钮,选中"单击下列对象时启动效果"单选按钮,在右面的下拉列表中选择"动作按钮"对象。

(4) 在放映第三张幻灯片时,当单击"开始"按钮,小球将会从曲线开始处沿着曲线的轨迹运行到结束处。可多次单击"开始"按钮,观看动态效果。

5. 保存

选择"文件"|"另存为"命令,将文件命名为"余弦函数.ppt",保存在适当的位置。

【操作练习】

仿照本实验制作"正态分布函数"的动态演示文稿。

实验 13　PowerPoint 贺卡的制作

【实验目的】

（1）掌握幻灯片母版的设置方法。
（2）掌握自选图形的画法及格式设置。
（3）掌握自定义动画的添加与设置方法。
（4）掌握声音文件的插入与设置方法。
（5）了解排练计时的设置方法。

【实验内容】

本实验要求制作"生日贺卡"的演示文稿。
本实验需要建立如图 13-1 所示的 5 张幻灯片。

图 13-1　整体设计效果图

其中：

（1）第一张幻灯片的版式设置为"空白"版式，在幻灯片上画两个圆形的自选图形，分别添加文字"生"、"日"，任意设置文字的字体、字号、颜色、填充颜色。再给两个自选图形设置动画效果：要求两个字分别同时从幻灯片的两侧旋转进入。在幻灯片上再画两个横排的文本框，分别添加文字"快"、"乐"，任意设置文字的字体、字号、颜色。再给两个文本框设置动画效果：要求两个字随后同时从幻灯片的上边缘向下切入进入。

（2）第二张幻灯片的版式设置为"空白"版式，在幻灯片上画 4 个横排的文本框，分别添加文字"永"、"远"、"幸"、"福"，任意设置文字的字体、字号、颜色。再给 4 个文本框设置动画效果：要求幻灯片放映时，4 个字同时从幻灯片的中部向 4 个方向发射。再向幻灯片中插入一张"生日蛋糕"的图片,将其放在中心位置,覆盖住 4 个字。

(3) 第三张幻灯片的版式设置为"标题和文本",标题输入内容为"青春的树越长越葱茏,生命的花越开越艳丽,在你生日的这一天,请接受我对你的深深祝福:",任意设置文字的字体、字号、颜色,动画效果设置为"颜色打字机"。在下面的文本框中输入内容"愿你在生日的日子里,充满绿色的畅想,金色的梦幻……",任意设置文字的字体、字号、颜色,动画效果设置为"挥舞"。

(4) 第四张幻灯片的版式设置为"空白"版式,在幻灯片中插入艺术字"祝你生日快乐"和"happy birthday to you"。艺术字的样式自定。

(5) 第五张幻灯片的版式设置为"空白"版式,在幻灯片中插入 3 张关于祝福生日的图片。

(6) 在第一张幻灯片上插入一个"生日歌"背景音乐,并对声音对象进行设置,使得在播放幻灯片时声音连续播放直到最后一张幻灯片为止。

(7) 为幻灯片添加排练计时时间,使得在播放幻灯片时自动播放,不需要人工干预。整体效果如图 13-1 所示。

【操作步骤】

1. 建立文档及动画效果

1) 幻灯片母版的创建

(1) 启动 PowerPoint 2003,打开任务窗格,选择"幻灯片版式"中的"空白"版式。

(2) 选择"视图"|"母版"|"幻灯片母版"打开幻灯片母版页面。先将此页面的上下几个文本框占位符删除,然后选择"插入"|"图片"|"来自文件"命令,弹出"插入图片"对话框,选择几张要插入的图片(关于祝贺生日方面的图片),单击"插入"按钮。将几张图片分别移动在幻灯片的左上角、中间、右上角及下面,单击"关闭母版视图"按钮。

2) 建立第一张幻灯片

(1) 选择"绘图"工具栏上的"椭圆"按钮,按下 Shift 键在页面上画一个"圆形"的自选图形,输入文字"生",设置其格式为:华文彩云、66 磅。

(2) 为圆形图形填充任意一种渐变颜色。

(3) 选中"圆形"图形,复制一个"圆形"图形,将复制出的图形文字改成"日"字。

(4) 适当调整其位置,将两个图形移动到幻灯片的左、右两侧边缘处。

(5) 在页面上画一个"文本框",并添加文字"快",设置文字的格式为:华文彩云、80 磅、绿色。

(6) 再复制一个"快"字文本框,将复制出的文本框文字改成"乐"字。适当调整其位置,将两个"文本框"图形移动到幻灯片上边缘的左右两边。效果如图 13-1 的第一张图片所示。

3) 设置第一张幻灯片的动画效果

(1) 选中"生"字图形对象,单击"幻灯片放映"|"自定义动画"菜单命令。单击"添加效果"按钮,选择"进入"|"弹跳"效果。开始:选择"之前";速度:选择"中速";延迟:2 秒。

再选中"日"字图形对象,设置与"生"字同样的动画效果。

(2)选中"生"字图形对象,单击"添加效果"按钮,选择"强调"|"陀螺旋"效果。开始:选择"之后";数量:选择"720 顺时针";速度:选择"慢速"。

再选中"日"字图形对象,开始:选择"之前";数量:选择"720 逆时针";其他效果与"生"字相同。

(3)选中"生"字图形对象,单击"添加效果"按钮,选择"强调"|"陀螺旋"效果。开始:选择"之前";数量:选择"720 顺时针";速度:选择"慢速"。

再选中"日"字图形对象,数量:选择"720 逆时针",其他效果与"生"字相同。

(4)重复(3)再做一遍。

(5)选中"生"字图形对象,单击"添加效果"按钮,选择"动作路径"|"向右"效果,适当

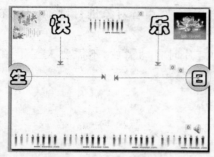

图 13-2　第一张幻灯片效果图

调整路径的长度,效果如图 13-2 所示。开始:选择"之前";速度:选择"慢速"。

再选中"日"字图形对象,单击"添加效果"按钮,选择"动作路径"|"向左"效果,适当调整路径的长度。开始:选择"之前";速度:选择"慢速"。

(6)选中"生"字图形对象,单击"添加效果"按钮,选择"强调"|"其他效果"|"更改字号"效果。开始:选择"之后";字号:选择"150%";速度:选择"中速"。

再选中"日"字图形对象,除开始选择"之前"外,其他效果的设置与"生"字相同。至此,"生"、"日"两字的动画效果设置完成。

(7)选中"快"字文本框对象,单击"添加效果"按钮,选择"进入"|"其他效果"|"下降"效果。开始:选择"之后";速度:选择"非常快"。

再选中"乐"字文本框对象,除开始选择"之前"外,其他效果的设置与"快"字相同。

(8)选中"快"字文本框对象,单击"添加效果"按钮,选择"动作路径"|"向下"效果,适当调整路径的长度,效果如图 13-2 所示。开始:选择"之后";速度:选择"快速"。

再选中"乐"字文本框对象,除开始选择"之前"外,其他效果的设置与"快"字相同。

(9)选中"快"字文本框对象,单击"添加效果"按钮,选择"强调"|"放大/缩小"效果。开始:选择"之后";尺寸:选择"150%";速度:选择"中速"。

再选中"乐"字文本框对象,除开始选择"之前"外,其他效果的设置与"快"字相同。

(10)选中"快"字文本框对象,单击"添加效果"按钮,选择"强调"|"其他效果"|"更改字号"效果。开始:选择"之后";字号:选择"150%";速度:选择"中速"。

再选中"乐"字文本框对象,除开始选择"之前"外,其他效果的设置与"快"字相同。

至此,"快"、"乐"两字的动画效果设置完成。第一张幻灯片的设置效果如图 13-1(1)所示。

4)建立第二张幻灯片及动画效果

(1)插入一张"空白"版式的新幻灯片。

(2)在页面上画 4 个"文本框",分别添加文字"永"、"远"、"幸"、"福",设置文字的格

式为：华文琥珀、60磅、红色。

（3）将"永"字文本框对象移到中间位置,选中"永"字对象,从任务窗格中选择"添加效果"|"动作路径"|"绘制自定义路径"|"曲线"命令,从"永"字对象开始画一"左上方"的曲线路径,适当调整路径的长度。开始：选择"之后"；速度：选择"中速"。效果如图13-3所示。

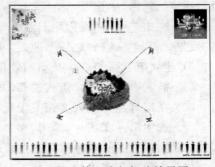

图13-3　第二张幻灯片效果图

（4）同理,按照（3）的做法,分别选中"远"、"幸"、"福"3个对象,分别画出"右上方"、"左下方"、"右下方"的曲线路径。除开始选择"之前"外,其他效果设置与"永"字相同。

（5）插入一张"生日蛋糕"的图片。适当调整图片的大小,将图片移动到4个文本框的上面覆盖住4个文本框。

5）建立第三张幻灯片及动画效果

（1）插入一个"标题和文本"版式的新幻灯片。

（2）在"标题"文本框中输入文字"青春的树越长越葱茏,生命的花越开越艳丽,在你生日的这一天,请接受我对你的深深祝福：",设置文字的格式为：华文行楷、40磅、绿色。适当调整其位置。效果如图13-1（3）所示。

（3）再选中文本框,单击"添加效果"按钮,选择"进入"|"颜色打字机"效果。开始：选择"之后"；速度：选择"非常快"。

（4）在下面的文本框中输入文字"愿你在生日的日子里,充满绿色的畅想,金色的梦幻……",设置文字的格式为：华文隶书、54磅、红色。适当调整其位置。

（5）再选中文本框,单击"添加效果"按钮,选择"进入"|"挥舞"效果。开始：选择"之后"；速度：选择"非常快"。

6）建立第四张幻灯片及动画效果

（1）插入一个"空白"版式的新幻灯片。

（2）在幻灯片中插入一组任意样式的艺术字"祝你生日快乐",设置艺术字的格式为：华文行楷、48磅、填充色为红色。再插入另一组艺术字"happy birthday to you"。适当调整其大小和位置。效果如图13-1（4）所示。

（3）选中艺术字"祝你生日快乐"对象,单击"添加效果"按钮,选择"进入"|"曲线向上"效果。开始：选择"之后"；速度：选择"中速"。再单击"添加效果"按钮,选择"强调"|"补色2"效果。开始：选择"之后"；速度：选择"中速"。再一次单击"添加效果"按钮,选择"强调"|"放大/缩小"效果。开始：选择"之后"；尺寸：选择"150％"；速度：选择"中速"。

（4）选中艺术字"happy birthday to you"对象,单击"添加效果"按钮,选择"进入"|"扇形展开"效果。开始：选择"之后"；速度：选择"中速"。再单击"添加效果"按钮,选择"强调"|"放大/缩小"效果。开始：选择"之后"；尺寸：选择"150％"；速度：选择"中速"。再一次单击"添加效果"按钮,选择"强调"|"补色2"效果。开始：选择"之后"；速度：选择

"中速"。再单击"添加效果"按钮,选择"强调"|"跷跷板"效果。开始:选择"之后";速度:选择"快速"。再单击"添加效果"按钮,选择"退出"|"玩具风车"效果。开始:选择"之后";速度:选择"中速"。

（5）选中艺术字"祝你生日快乐"对象,单击"添加效果"按钮,选择"退出"|"玩具风车"效果。开始:选择"之后";速度:选择"中速"。

7）建立第五张幻灯片及动画效果

（1）插入一个"空白"版式的新幻灯片适当调整其大小。

（2）在幻灯片中插入 3 张关于祝福生日的图片。

（3）选中第一张图片,单击"添加效果"按钮,选择"进入"|"擦除"效果。开始:选择"之后";方向:选择"自左侧";速度:选择"慢速";效果:选择"播放动画后隐藏"。

（4）选中第二张图片,添加与(3)相同的动画效果。

（5）选中第三张图片,除效果不选择外,其他添加与(3)相同的动画效果。

（6）调整 3 张图片的大小相同,并顺序（第一张在前）、重叠放置在页面的正中位置。效果如图 13-1(5)所示。

2. 设置幻灯片背景效果

选择"格式"|"背景"命令,弹出"背景"对话框,选择"茶色"。单击"背景"对话框中的"全部应用"按钮将背景效果应用到全部幻灯片。

3. 向幻灯片中插入声音文件

（1）返回第一张幻灯片,选择"插入"|"影片和声音"|"文件中的声音"命令,在打开的"插入声音"对话框中选择一个声音文件,如"生日歌.mp3",单击"确定"按钮。

（2）选中"声音"图标,开始:选择"之前";效果:选择"停止播放"|"在第 5 张幻灯片后"。

（3）调整声音对象的顺序,将"声音"对象从效果栏中移动到最前面。

4. 设置排列计时

返回第一张幻灯片,选择菜单"幻灯片放映"|"排列计时"命令,即可从第一张开始放映幻灯片,当一张幻灯片上的效果完成后,即可单击鼠标左键放映下一张幻灯片,直到全部的幻灯片放映完毕,单击"是"按钮后,即可保存排练计时时间,以后再放映幻灯片时即可自动播放,就不需要人工干预了。

5. 保存

选择"文件"|"另存为"命令,将文件命名为"生日贺卡.ppt",保存在适当的位置。

【操作练习】

仿照本实验制作具有自己风格的贺卡演示文稿。

实验 14　因特网信息检索

【实验目的】

(1) 掌握浏览器的使用方法。
(2) 掌握浏览器的设置方法。
(3) 掌握网页及网页上各种信息的保存方法。

【实验内容】

使用 Internet Explorer(IE)浏览器上网浏览北京大学网站主页,然后通过主页中的"北大概况"浏览"北大简介"、"历任校长"等信息。保存感兴趣的页面和图片。

【操作步骤】

1. IE 浏览器的启动、退出及其基本使用方法

(1) 启动 IE 浏览器,连接网站浏览主页并通过超链接浏览网页。

(2) 在地址栏中输入北京大学主页网址（www. pku. edu. cn）,进入北京大学网站主页,然后通过主页中的"北大概况"浏览"北大简介"、"历任校长"等信息,如图 14-1 所示。

图 14-1　北京大学主页

2. 网页信息保存

将浏览到的所需的页面以网页格式或文本格式保存到磁盘指定的文件夹下,将浏览到的感兴趣的图片保存到磁盘文件中。

1) 保存整个网页

在北京大学主页,执行"文件"|"另存为"命令,打开"保存网页"对话框,在"保存类型"下拉按钮中选择"网页,全部(* . htm; * . html)"类型。

2) 保存网页中的图片

在北京大学主页,右击北京大学校徽图片,弹出快捷菜单,单击"图片另存为"命令,打开"保存图片"对话框,指定保存位置和文件名即可。

3) 保存网页中的文字

保存"北大简介"页面中的文字内容。

4) Web 档案,单一文件(* . mht)

将"北大简介"页面保存为 Web 档案,单一文件。

注意:请比较"单一文件(* . mht)"与"网页,全部"类型的区别。

3. 收藏夹的使用

将经常要访问的网站地址加入收藏夹,并对收藏夹进行整理(重命名、删除、创建文件夹、收藏夹的导入和导出)。

4. 查看网页历史记录

查看近期曾经访问过的网页,并设置网页保存在历史记录中的时间,或删除历史记录。

5. IE 浏览器高级设置

对 IE 浏览器启动时的默认主页、Internet 临时文件进行设置,对 IE 浏览器的高级属性进行基本设置。

(1) 设置浏览器的启动主页。操作要求:将浏览器的启动主页设置为你所在学校校园网的主页。(打开浏览器的"工具"菜单,选择"Internet 选项",在主页地址栏输入,例如,http://www. bttc. cn。)

(2) 查阅你所使用的计算机上的 Internet 临时文件夹的位置(该文件夹保存了最近访问过的 Web 站点的信息),并清除临时文件,收回磁盘空间,如图 14-2 所示。

(3) 在"高级"选项卡内,设置浏览器的多媒体功能,如图 14-3 所示。

【操作练习】

(1) 在地址栏中输入"人民网"站点(http://www. people. com. cn)的主页网址,通过"新闻"浏览"特别关注"栏中的新闻信息。

图 14-2　IE 浏览器设置　　　　　图 14-3　IE 浏览器多媒体功能设置

（2）在地址栏中输入"中国科普网"的主页网址（http://www.kepu.gov.cn），通过单击"展览馆"连接到"展览馆首页"，进而查看"物理"、"生物"、"化学"方面的科普动画。

（3）在以上打开的网页中进行网页信息保存、收藏夹添加、网页历史记录的查看、IE 浏览器高级设置等操作。

实验 15　搜索引擎的使用

【实验目的】

掌握搜索引擎的使用。

【实验内容】

通过搜索引擎搜索共享软件 WinRAR 的最新版本，并下载到本地机上。

【操作步骤】

（1）在地址栏中输入 Google（谷歌）的主页地址：www.google.cn，在对话框中输入"winrar"，在下拉列表中选择"winrar 最新版下载"，如图 15-1 所示。

（2）在打开的"winrar 最新版下载-Google 搜索"窗口中，如图 15-2 所示，单击第一项搜索结果，打开相关链接。

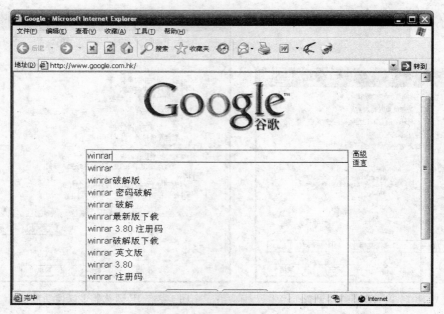

图 15-1　Google 搜索引擎

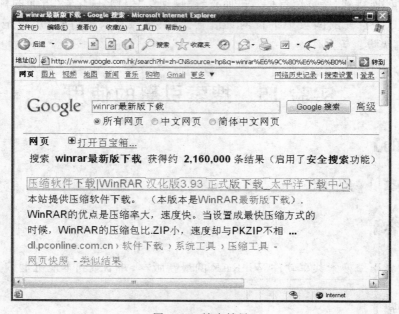

图 15-2　搜索结果

（3）在"压缩软件下载 WinRAR 汉化版 3.93 正式版下载_太平洋下载中心"窗口（如图 15-3 所示）单击"本地下载"按钮。

（4）按照下载提示向导下载并保存 WinRAR 软件到本地机。

计算机应用基础实践教程

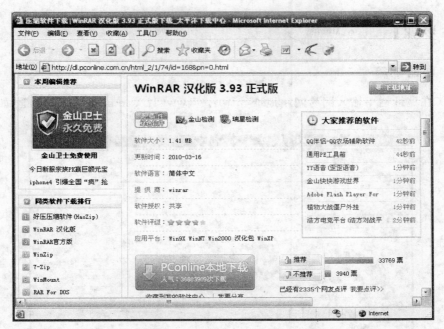

图 15-3 搜索结果下载

【操作练习】

(1) 启动搜索引擎 www.baidu.com,查阅 TCP 与 HTTP 协议的区别,并将查阅结论作为一个 PPT 文档,保存在本地机上备用。

(2) 使用搜狗(www.sogou.com)搜索引擎,查阅内蒙古招生考试信息网的网址,并进入该网站,查找内蒙的一些高考政策和招生动态,并将这些信息整理成一个 Word 文档保存在本地机上备用。

实验 16　电子邮箱的申请与电子邮件的收发

【实验目的】

(1) 掌握在网络中申请免费邮箱的方法。
(2) 掌握在 IE 中收发电子邮件的方法。

【实验内容】

在网易网站申请一个免费电子邮箱,并通过该邮箱收发电子邮件。

【操作步骤】

1. 申请邮箱

（1）在地址栏中输入网易网站地址（http://www.126.com）并按 Enter 键，如图 16-1 所示。

图 16-1　打开网易免费注册邮箱

（2）单击右下方"立即注册"按钮，打开"网易邮箱-注册新用户"对话框，如图 16-2 所示。

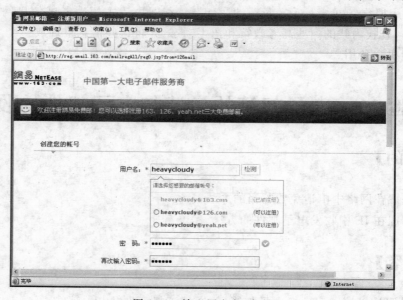

图 16-2　输入用户名、密码

计算机应用基础实践教程

（3）在打开的窗口输入要注册的用户名"heavycloudy"，单击旁边的"检测"按钮，如果出现"用户名已存在"，则更换另外的用户名输入，直到出现"请选择您想要的邮箱账号"列表，选择一个邮箱名，按提示输入密码（自设）两次。

（4）根据提示输入如图 16-3 所示的必填信息，可以输入一些个人资料，以便忘记密码后取回密码时用，输入完成后，单击"创建账号"按钮。

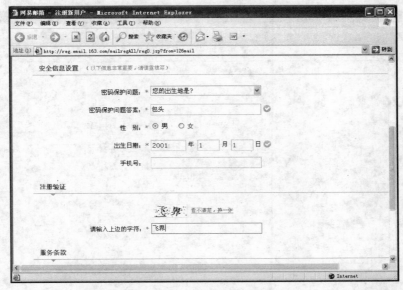

图 16-3　输入相关资料

（5）出现如图 16-4 所示页面后，表示你已经成功申请了一个名为 heavycloudy@126.com 的免费电子邮箱地址，单击"进入邮箱"按钮，就可进入你的邮箱。

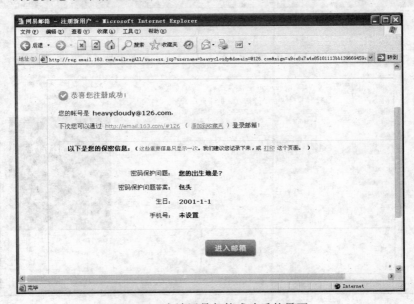

图 16-4　申请网易邮箱成功后的界面

2. 电子邮件的接收与发送

（1）通过网易网站登录到网易邮箱的首页或在地址栏中直接输入 http://mail.126. com，在图 16-5 中输入用户名"heavycloudy"和密码，单击"登录"按钮，出现网易邮箱界面，如图 16-6 所示。

图 16-5　邮箱登录界面

图 16-6　邮箱界面

计算机应用基础实践教程

（2）写信与添加附件。

单击图 16-7 中的"写信"标签，出现如图 14-13 所示的窗口，在窗口内的"收件人"旁的文本框中输入收信人的电子邮箱地址，"主题"旁的文本框中输入提示信息，在下方编辑区书写邮件正文。

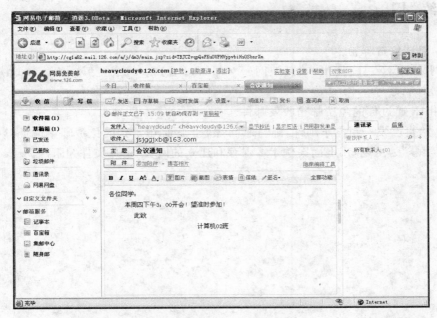

图 16-7　写信

如果需要将文件以附件形式发送，单击"添加附件"按钮，打开如图 16-8 所示的页面，通过"查找范围"下拉列表框找到要发送的文件，选中后，单击"打开"按钮，就将该文件粘贴到附件中。如需发送多个文件，重复以上步骤，把所有的文件添加到附件中。

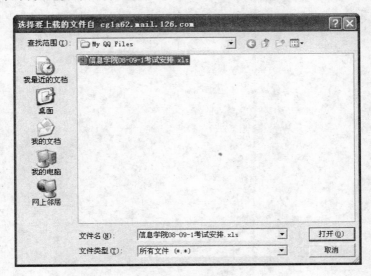

图 16-8　添加附件

（3）发送与接收电子邮件。

单击图 16-7 中的"发送"按钮可将写好的信发送出去；单击"收信"按钮，再单击"收件箱"可以查看接收到的信件。

【操作练习】

（1）申请免费邮箱。

在网易（www.163.com）或新浪网（www.sina.com.cn）或搜狐（www.sohu.com）上申请免费邮箱账号。

使用 IE 通过你的免费邮箱收发邮件。

（2）给自己发一封电子邮件，邮箱地址就是上面你申请到的免费邮箱地址，以自己的"姓名＋学号"为主题，用上面案例 1、2 保存和建立的网页、图片文件为附件。

第 2 部分 综合实验练习题

练习题 1

(1) 请在 E 盘根目录下建立文件夹，名称用"院系名＋姓名＋学号"。

(2) 在文件夹中建立一个 Word 文件和一个 Excel 文件，文件名为"姓名＋学号"。

(3) 打开 Word 文档，写一篇 500 字左右的招生宣传短文，标题自定。该短文用于介绍一下你所在大学(或所在的学院，或所在系，或所在专业，只需要写一个)概况和就业、考研比例。对该短文作适当的排版，做到简洁美观，图文并茂(相关的图片不少于3 张)。

(4) 打开 Excel，用表格数据表现近年来你所在大学(或所在的学院，或所在系，或所在专业，只需要写一个)发展情况的基础数据。同时，请加上你的个性化文字水印(或图片水印)。

(5) 请将(3)、(4)建立的文件综合在一个演示文稿中，要求条理清晰，重点突出，集文、图、表于一体，富有特色。

(6) 请将 E 盘根目录所建立文件夹压缩，名称不变，然后将压缩的文件作为附件发送到指定邮箱中。邮件主题为："学号＋院系名＋姓名"计算机技能测试。

练习题 2

(1) 在网上任意 3 个网站查阅关于"我心中的好老师"资料，运用于文章写作(用尾注标出网站名)。文字大约 500 字。要求：主题鲜明，层次分明，语言顺畅，文采优美，图文并茂。文章排版要求：大标题三号、黑体，小标题四号，正文小四号、宋体。

(2) 在校图书馆页面的中国期刊网上查阅"孙润秀"代表作《高等师范院校环境教育创新模式探析》，将查阅到的文章摘要作为文字内容输入到新建的 Word 文档中。

(3) 在中国期刊网上查阅"孙润秀"2003 年代表作的题目信息，并将此信息作为文字内容输入到新建的 Word 文档中(非表格形式)。

练 习 题 3

（1）以"绿色奥运"为主题，通过互联网检索相关资料 5 篇（包括文件、新闻、评论、图片等）。用 Excel 制作一个表名为"绿色奥运资料表"的表格，表格包括 3 列，列名分别是：编号、题目、网址。将检索到的 5 篇资料编号，并将题目和网址分别复制到表格相应的栏里。保存文件名为"绿色奥运.xls"。

（2）以搜索到的资料为基础，制作一个 500 字左右、名为"绿色奥运.doc"的 Word 文件，简单介绍"绿色奥运"的目的、意义（以上文字可从搜索到的资料里面剪切），通过因特网搜索一个福娃图片插入到文档中，调整图片的高度和宽度都为 8cm，要求图片四周环绕文字。

（3）以"绿色奥运"为主题，利用上面搜索到的资料创建一个包含 3 张幻灯片的演示文稿，文件名为"绿色奥运.ppt"。设置幻灯片母版文字字体为方正姚体；设计模板为"万里长城.pot"。

练 习 题 4

（1）从学校图书馆文献数据库中检索出你所在学院的 XXX 教授以第一作者公开发表的论文或文章 5 篇，并将检索结果以表格形式保存到一个 Word 文件中，表格内容包括序号、文章名称、发表刊物名称、发表年期、中文关键词、中文摘要，并以文章名称升序排列。

（2）通过网络搜索本校师资基本情况，包括教职工人数、专任教师人数、具有副高以上职称者人数、具有博士硕士学位者人数等，将搜索结果输入到上述 Word 文件中。

（3）在上述文件中插入 3 张图片（与学校或学院相关，可以来源于因特网），并附以简要说明。

（4）排版、修饰该文档（正文文字宋体、四号，两端对齐，首行缩进 2 字），并设置页眉页脚。页眉为"师资情况介绍"并居中，页脚为本人所在学院全称。

（5）建立一个 Excel 文件，将前述以表格形式输入。

（6）在上述 Excel 工作簿中的 Sheet2 表中统计 Word 文件中本校师资基本情况，并利用公式汇总计算，依此数据建立一个柱形图（或饼图）。

（7）建立一个 PowerPoint 文件，内容主体为本校简介（可以来源于因特网），要求不得少于 5 张幻灯片，每张要有标题、文字。

（8）将上述 3 个文件以自己的学号和姓名命名，3 个文件放入一个文件夹中，压缩后以附件的形式发送到指定邮箱。邮件主题为："本人学号＋姓名＋计算机综合训练"。

练习题 5

1. 从下面 10 个主题中任选一个，在网上搜索与之有关的文章，仔细阅读后写一篇 500 字左右的读后感。

(1) 安全生产事故

(2) 反恐

(3) 和谐社会

(4) 养犬失控

(5) 西部开发

(6) 素质教育

(7) 反腐

(8) 节约型社会

(9) 大学生国情教育

(10) 环境污染

本题排版要求：正文用仿宋字体，字号为四号，行间距为 1.5 倍行距，段落首行缩进 2 字符，两端对齐；标题用黑体，字号为三号，居中对齐。

2. 建立一个 Excel 表格，并录入如下所示数据，用公式进行相关的计算，并按总分排出名次。

学号	姓名	大学语文	微积分	大学英语	计算机	哲学	总分	名次
1	孙红梅	78	89	90	88	75		
2	赵丽霞	75	90	93	78	86		
3	王翼飞	82	86	87	90	78		
4	刘青山	86	88	79	76	80		
5	苗壮壮	79	83	90	79	82		
6	张洪涛	70	65	75	80	78		
	平均分							

3. 在 PowerPoint 文件中建立如下内容：

(1) 第一张幻灯片的版式为"标题幻灯片"，内容为：主标题是"操作系统"，并将字体设置为宋体、54 磅、加粗；副标题是"菜单的 4 种形式"，字体设置为宋体、44 磅。

第二张幻灯片的版式为"项目清单"，内容为：标题是"Windows XP 的 4 种菜单"，字体设置为宋体、44 磅、加粗、倾斜。内容如下：

Windows XP 中有如下 4 种典型菜单：

① 控制菜单；

② 菜单栏上的下拉菜单；

③ 开始菜单；

④ 快捷菜单。

并将它们的字体设置为宋体、36 磅。

（2）将两张幻灯片背景的填充效果设置成"花束"纹理，幻灯片的切换方式设置为"水平百叶窗"，预设主体文本动画效果为"右侧飞入"。

练 习 题 6

1. 分别建立一个以自己学号和姓名为文件的 Word 文件、Excel 文件和 PPT 文件，分别用以保存后续相关题目的答案。

2.（1）你知道哪些即时通信工具？请列出它们的名称，并简要说明即时通信工具与传统工具相比的优缺点，并将答案保存到题目一建立的 Word 文件中。将文档的标题设为蓝色、小二号、黑体、居中且具有礼花绽放的效果。

（2）将第一段的文字设为仿宋、小四号，颜色设为红色；字符间距设为"加宽 2 磅值"；该段落右缩进 3 字符，首行缩进 2 字符；段落间距设为"段落前 0.5 行"、"段落后 0.5 行"；行间距设为 1.5 倍行距。

（3）在第二段中插入公式 $\dfrac{\sqrt{b^2-4ac}}{2a}$。

（4）将第三段设为"特殊格式：悬挂缩进 4 个字符"；对齐方式为"两端对齐"；行间距为 30 磅值；文字设为五号、深绿色、加粗、倾斜的隶书；第一句话加上着重号。

（5）在第一段的左上角以四周型环绕方式插入一个 4 行高、10 个字符宽的剪贴画。在第二段中插入一个与该段落等宽等高的剪切画，并设为水印效果衬于文字下方。在第二段与第三段之间以"嵌入型"环绕方式插入艺术字。

（6）将本篇文档的页面设置为 18cm×25cm 纸张，上下左右边界均为 2cm，方向为纵向，页眉距边界 1.6cm，页脚距边界 1.8cm。

（7）在本篇文档中插入页眉和页脚，其中页眉的内容为你所在的系别、班级、学号和姓名，且居中；页脚左侧的内容为当前的时间和日期，右侧的内容为页码，要求页码能自动延续，显示的形式为"第×页　共×页"。为整个页面加上艺术型边框。

（8）将第一段文字分成不相等的两栏，且栏间要求有分隔线。

3. 在 Excel 中创建一个工作簿。按要求完成以下操作并以 Table 为文件名保存结果。

（1）在 Sheet1 中建立一个工作表，输入以下数据，并将 Sheet1 更名为"销售情况表"。

地区	2005 年销售额	2004 年销售额	增长率
福建	14275	10267	
江苏	18260	8574	
安徽	7164	9874	
浙江	14995	9065	
合计			

（2）在"增长率"列中计算各省销售额的增长率。

   增长率＝（2005 年销售额－2004 年销售额）/2004 年销售额

（3）在合计行用公式计算各年销售总额。

（4）在合计行的增长率单元格计算平均增长率。

 4．上网搜索关于 2008 北京奥运会的有关信息，利用你所搜集到的信息制作一个介绍 2008 北京奥运会的演示文稿。

附录 A 习 题

第 1 章

(1) 第一台电子计算机是 1946 年在美国研制成功的,该机的英文缩写是(   )。
    A. ENIAC　　　　　B. EDVAC　　　　　C. EDSAC　　　　　D. MARK-Ⅱ

(2) 计算机中所有信息的存储都采用(   )。
    A. 十进制　　　　　B. 十六进制　　　　C. ASCII 码　　　　D. 二进制

(3) 计算机存储器中,一个字节由(   )位二进制位组成。
    A. 4　　　　　　　　B. 8　　　　　　　　C. 16　　　　　　　D. 32

(4) 计算机中最重要的核心部件是(   )。
    A. CPU　　　　　　B. RAM　　　　　　C. ROM　　　　　　D. CRT

(5) CPU 主要由运算器和(   )组成。
    A. 控制器　　　　　B. 存储器　　　　　C. 寄存器　　　　　D. 编辑器

(6) 冯·诺依曼结构计算机包括输入设备、输出设备、存储器、控制器和(   )五大组成部分。
    A. 处理器　　　　　B. 运算器　　　　　C. 显示器　　　　　D. 模拟器

(7) 目前大多数计算机以冯·诺依曼提出的(   )设计思想为理论基础。
    A. 布尔代数　　　　B. 存储程序原理　　C. 超线程技术　　　D. 二进制数

(8) 微型计算机中,控制器的基本功能是(   )。
    A. 进行算术运算和逻辑运算　　　　　B. 存储各种控制信息
    C. 保持各种控制状态　　　　　　　　D. 控制机器各个部件协调一致地工作

(9) 根据所传递的内容与作用不同,将系统总线分为数据总线、地址总线和(   )。
    A. 内部总线　　　　B. 系统总线　　　　C. 控制总线　　　　D. I/O 总线

(10) 计算机的存储容量常用 KB 为单位,其中 1KB 表示的是(   )。
    A. 1024 个字节　　　　　　　　　　　B. 1024 个二进制位
    C. 1000 个字节　　　　　　　　　　　D. 1000 个二进制位

(11) 关于"bit"的说法,正确的是(   )。
    A. 数据的最小单位,即二进制数的 1 位
    B. 基本存储单位,对应 8 位二进制位
    C. 基本运算单位,对应 8 位二进制位
    D. 基本运算单位,二进制位数不定

(12) 计算机的主存储器是指(   )。
    A. RAM 和 C 磁盘　　　　　　　　　B. ROM
    C. ROM 和 RAM　　　　　　　　　　D. 硬盘和控制器

(13) 下列存储器中,存取速度最快的是(   )。

    A. 内存   B. 硬盘   C. 光盘   D. U 盘

(14) 下列叙述中,正确的是(   )。

    A. 计算机系统是由硬件系统和软件系统组成

    B. 程序语言处理系统是常用的应用软件

    C. CPU 可以直接处理外部存储器中的数据

    D. 汉字的机内码与汉字的国标码是一种代码的两种名称

(15) 下列叙述中,正确的是(   )。

    A. 存储在任何存储器中的信息,断电后都不会丢失

    B. 操作系统是只对硬盘进行管理的程序

    C. 硬盘装在主机箱内,因此硬盘属于主存

    D. 磁盘驱动器属于外部设备

(16) 下列关于存储器的叙述中,正确的是(   )。

    A. CPU 能直接访问存储在内存中的数据,也能直接访问存储在外存中的数据

    B. CPU 不能直接访问存储在内存中的数据,能直接访问存储在外存中的数据

    C. CPU 只能直接访问存储在内存中的数据,不能直接访问存储在外存中的数据

    D. CPU 既不能直接访问存储在内存中的数据,也不能直接访问存储在外存中的数据

(17) 计算机软件系统包括(   )。

    A. 应用软件和系统软件   B. 系统软件和通用软件

    C. 操作系统和网络软件   D. 编译程序和常用工具软件

(18) 操作系统是计算机系统的(   )。

    A. 外部设备   B. 应用软件

    C. 核心系统软件   D. 关键的硬件设备

(19) Windows XP 是一个(   )。

    A. 多用户多任务操作系统   B. 单用户单任务操作系统

    C. 单用户多任务操作系统   D. 多用户分时操作系统

(20) 计算机能直接识别的语言是(   )。

    A. 高级程序语言   B. 汇编语言

    C. 机器语言   D. C 语言

第 2 章

(1) Windows XP 典型安装所需内存容量为(   )。

    A. 64MB   B. 35MB   C. 100MB   D. 195MB

(2) 下列(   )不是 Windows XP 桌面常用图标。

    A. 我的电脑   B. 文件夹   C. 回收站   D. 网上邻居

(3) 在 Windows XP 中,"关闭 Windows"对话框不包含的选项是(   )。

    A. 注销   B. 重新启动计算机

    C. 关闭计算机   D. 待机

(4) Windows XP 的操作具有(   )的特点。

    A. 先选择操作命令,再选择对象   B. 先选择对象,再选择操作命令

    C. 需同时选择操作命令和对象   D. 允许用户任意选择

(5) 在 Windows XP 中有两个管理系统资源的程序组,它们是(   )。

    A.【我的电脑】和"控制面板"

    B. "Windows 资源管理器"和"控制面板"

    C.【我的电脑】和"Windows 资源管理器"

    D. "控制面板"和【开始】菜单

(6) 在【我的电脑】窗口中,使用(   )可以将文件按名称、类型、大小排列。

    A. 编辑   B. 文件   C. 工具   D. 查看

(7) 在 Windows XP 中,【回收站】实际上是(   )。

    A. 硬盘上的文件夹   B. 内存区域

    C. 文档   D. 文件的快捷方式

(8) 在 Windows XP 的【回收站】中,可以恢复(   )。

    A. 从硬盘中删除的文件或文件夹   B. 从 U 盘中删除的文件或文件夹

    C. 剪切掉的文档   D. 从光盘中删除的文件或文件夹

(9) 在"Windows 资源管理器"中不能执行下列(   )操作。

    A. 文件复制   B. 当前硬盘格式化

    C. 创建快捷方式   D. 同时对多个对象重命名

(10) 如果在 Windows XP 的"Windows 资源管理器"底部没有状态栏,那么增加状态栏的操作是(   )。

    A. 单击"编辑"菜单中的状态栏命令   B. 单击"工具"菜单中的状态栏命令

    C. 单击"查看"菜单中的状态栏命令   D. 单击"文件"菜单中的状态栏命令

(11) 如果桌面上的任务栏的"EN"指示器不显示,应通过(   )设置。

    A. "控制面板"的显示选项   B. "控制面板"的"区域与语言"选项

    C. 桌面上的应用程序图标   D.【我的电脑】的属性

(12) 在 Windows XP 中,不能对任务栏进行的操作是(   )。

    A. 改变尺寸大小   B. 移动位置   C. 删除   D. 隐藏

(13) 在 Windows XP 中,"Windows 资源管理器"中文件夹图标前有"＋"标识,表示此文件夹(   )。

    A. 含有子文件夹   B. 含有文件夹

    C. 有桌面上的应用程序图标   D. 含有文件

(14) Windows 的【开始】菜单包括了 Windows XP 系统的(   )。

    A. 主要功能   B. 全部功能   C. 部分功能   D. 初始化功能

(15)【开始】菜单中的"文档"选项中列出了最近使用过的文档清单,其数目最多可达
( )。

      A. 4   B. 15   C. 10   D. 12

(16) 在 Windows XP 默认环境中,可以打开【开始】菜单的组合键是( )。

      A. Alt+Esc   B. Ctrl+Esc   C. Tab+Esc   D. Shift+Esc

(17) 在 Windows XP 中,右击【开始】按钮,弹出的快捷菜单中有( )。

      A. "新建"命令   B. "搜索"命令   C. "关闭"命令   D. "替换"命令

(18) 在 Windows XP 中,按( )组合键可以实现中文输入和英文输入之间的
切换。

      A. Ctrl+空格   B. Shift+空格

      C. Shift+Ctrl   D. Shift+ Ctrl+Del

(19) 在 Windows XP 默认状态下,进行全角/半角切换的组合键是( )。

      A. Alt+Shift   B. Shift+空格   C. Alt+空格   D. Ctrl+ Shift

(20) 在 Windows XP 默认环境中,在窗口之间切换的组合键是( )。

      A. Ctrl+Tab   B. Ctrl+F6   C. Alt+Tab   D. Alt+F6

(21) 在 Windows XP 中,用户同时打开的多个窗口可以层叠式或平铺式排列,要想
改变窗口的排列方式,应进行的操作是( )。

      A. 在"任务栏"空白处右击,然后在弹出的快捷菜单中选取要排列的方式

      B. 在桌面空白处右击,然后在弹出的快捷菜单中选取要排列的方式

      C. 打开"Windows 资源管理器"窗口,选择其中的"查看"菜单下的"排列图
         标"项

      D. 先打开【我的电脑】窗口,选择其中的"查看"菜单下的"排列图标"项

(22) 下列关于 Windows XP 菜单的说法中,不正确的是( )。

      A. 命令前有"·"记号的菜单选项,表示该项已经选用

      B. 当鼠标指向带有黑色箭头符号(▶)的菜单选项时,弹出一个子菜单

      C. 带省略号(...)的菜单选项执行后会打开一个对话框

      D. 用灰色字符显示的菜单选项表示相应的程序被破坏

(23) 在 Windows XP 的菜单中,命令的括号里有带下划线的字母,表示( )。

      A. 该命令的快键操作   B. 该命令正在起作用

      C. 该命令不可选择   D. 打开菜单后选择该命令的快捷键

(24) 在 Windows XP 中,当鼠标指针为沙漏加箭头时,表示 Windows XP 为( )。

      A. 正在执行一项任务,此时不可执行其他任务

      B. 正在执行一项任务,此时仍可执行其他任务

      C. 正在执行打印任务

      D. 没有执行任务

(25) 在"Windows 帮助"窗口中,若要通过按类分的帮助主题获取帮助信息,应选择
( )。

      A. 主题   B. 目录   C. 索引   D. 搜索

（26）Windows XP 的整个显示屏幕称为（　　　）。

  A. 窗口   B. 屏幕   C. 工作台   D. 桌面

（27）在 Windows XP 中，按 PrintScreen 键，则使整个桌面内容（　　　）。

  A. 打印到打印纸上   B. 打印到指定文件

  C. 复制到指定文件   D. 复制到剪贴板

（28）在 Windows XP 下，将浮于屏幕之上的窗口存到剪贴板的快捷键是（　　　）。

  A. Alt＋Ins   B. Ctrl＋Ins

  C. PrintScreen   D. Alt＋PrintScreen

（29）Windows XP 文件名的最大长度是（　　　）。

  A. 128 字符   B. 225 字符   C. 255 字符   D. 256 字符

（30）Windows XP 中，对文件和文件夹的管理是通过（　　　）来实现的。

  A. 对话框   B. 剪贴板

  C. 控制面板   D. 资源管理器或我的电脑

（31）在【我的电脑】各级文件夹窗口中，如果需要选择多个不连续排列的文件，正确的操作是（　　　）。

  A. 按 Alt＋单击要选定的文件对象 B. 按 Ctrl＋单击要选定的文件对象

  C. 按 Shift＋单击要选定的文件对象 D. 按 Ctrl＋双击要选定的文件对象

（32）在【我的电脑】各级文件夹窗口中，如果需要选择多个连续排列的文件，正确的操作是（　　　）。

  A. 按 Alt＋单击要选定的文件对象 B. 按 Ctrl＋单击要选定的文件对象

  C. 按 Shift＋单击要选定的文件对象 D. 按 Ctrl＋双击要选定的文件对象

（33）在"Windows 资源管理器"窗口右部选定所有文件，如果要取消其中几个文件的选定，应进行的操作是（　　　）。

  A. 依次单击各个要取消选定的文件

  B. 按住 Ctrl 键，再依次单击各个要取消选定的文件

  C. 按住 Shift 键，再依次单击各个要取消选定的文件

  D. 依次右击各个要取消选定的文件

（34）在 Windows XP 中，下列操作中，（　　　）直接删除文件，而不把删除文件送入【回收站】。

  A. Del   B. Shift＋Del   C. Alt＋Del   D. Ctrl＋Del

（35）Windows XP 的剪贴板是（　　　）。

  A. "画图"的辅助工具

  B. 存储图形或数据的物理空间

  C. "写字板"的重要工具

  D. 各种应用程序之间数据共享和交换的工具

第 3 章

（1）Word 主窗口的标题栏右边显示的按钮██是（　　）。

　　A. 最小化按钮　　　　B. 还原按钮　　　　C. 关闭按钮　　　　D. 最大化按钮

（2）在 Word 的编辑状态，执行两次"剪切"操作后再执行"粘贴"命令，则被"粘贴"的内容是剪贴板中（　　）。

　　A. 第一次被剪切的内容　　　　　　　B. 第二次被剪切的内容

　　C. 两次被剪切的内容　　　　　　　　D. 没有内容

（3）在 Word 的编辑状态，单击文档窗口标题栏右侧的██按钮后，会（　　）。

　　A. 将窗口关闭　　　　　　　　　　　B. 打开一个空白窗口

　　C. 使文档窗口独占屏幕　　　　　　　D. 使当前窗口缩小

（4）在 Word 的编辑状态，文档窗口显示出水平标尺，则当前的视图方式（　　）。

　　A. 一定是普通视图方式

　　B. 一定是页面视图方式

　　C. 一定是普通视图方式或页面视图方式

　　D. 一定是大纲视图方式

（5）在 Word 的编辑状态，当前正编辑一个新建文档"文档 1"，当执行"文件"菜单中的"保存"命令后，（　　）。

　　A. 该"文档 1"被存盘

　　B. 弹出"另存为"对话框，供进一步操作

　　C. 自动以"文档 1"为名存盘

　　D. 不能以"文档 1"存盘

（6）在 Word 的编辑状态，当前编辑文档中的字体全是宋体字，选择了一段文字使之成反显状，先设定了楷体，又设定了仿宋体，则（　　）。

　　A. 文档全文都是楷体　　　　　　　　B. 被选择的内容仍为宋体

　　C. 被选择的内容变为仿宋体　　　　　D. 文档的全部文字的字体不变

（7）在 Word 的编辑状态，选择了整个表格，执行了表格菜单中的"删除行"命令，则（　　）。

　　A. 整个表格被删除　　　　　　　　　B. 表格中一行被删除

　　C. 表格中一列被删除　　　　　　　　D. 表格中没有被删除的内容

（8）在 Word 的编辑状态，为当前打开的文档设置页码，可以使用（　　）。

　　A. "工具"菜单中的命令　　　　　　　B. "编辑"菜单中的命令

　　C. "插入"菜单中的命令　　　　　　　D. "格式"菜单中的命令

（9）在 Word 的编辑状态，当前编辑的文档是 C 盘中的 d1. doc 文档，要将该文档复制到 U 盘，应当使用（　　）。

　　A. "文件"|"另存为"命令　　　　　　　B. "文件"|"保存"命令

　　C. "文件"|"新建"命令　　　　　　　　D. "插入"|"文件"命令

（10）在 Word 编辑状态，新建了两个文档，没有对该两个文档进行"保存"或"另存为"操作，则（　　）。

  A. 两个文档名都出现在"文件"菜单中

  B. 两个文档名都出现在"窗口"菜单中

  C. 只有第一个文档名出现在"文件"菜单中

  D. 只有第二个文档名出现在"窗口"菜单中

（11）在 Word 的编辑状态，由于误操作，有时需要撤销输入的操作，完成此项功能除了用菜单和工具栏之外，还可以使用的快捷键是（　　）。

  A. Ctrl＋W   B. Shift＋X   C. Shift＋Y   D. Ctrl＋Z

（12）设 Windows XP 处于系统默认状态，在 Word 的编辑状态下，移动鼠标至文档行首空白处（文本选定区）连击左键三下，结果会选择文档的（　　）。

  A. 一句话   B. 一行   C. 一段   D. 全文

（13）Word 具有很强的查找替换功能，下列不能查找替换的是（　　）。

  A. 带格式或样式的文本

  B. 图形对象

  C. 对通配符进行快速、复杂的查找替换

  D. 文本中的格式

（14）在 Word 中有前后两个段落，当删除了前一个段落的段落结束标记后，正确的结果是（　　）。

  A. 两段合为一段，并采用原来后一段的格式

  B. 两段合为一段，无格式变化

  C. 两段合为一段，并采用原来前一段的格式

  D. 仍为两段，且无格式变化

（15）对 Word 表格中的某一列数据进行排序时，其他位置的数据（　　）。

  A. 不变   B. 数值重排，文字不变

  C. 所有内容随之相应调整   D. 出错

（16）Word 中快速建立具有相同结构的文件，可使用（　　）。

  A. 格式   B. 样式   C. 模板   D. 视图

（17）Word 具有的功能是（　　）。

  A. 表格处理   B. 绘制图形   C. 自动更正   D. 以上 3 项都对

（18）下列不属于 Word 窗口组成部分的是（　　）。

  A. 标题栏   B. 对话框   C. 菜单栏   D. 状态栏

（19）在 Word 编辑状态下，绘制一个文本框，应使用的下拉菜单是（　　）。

  A. 插入   B. 表格   C. 编辑   D. 工具

（20）Word 的替换功能所在的下拉菜单是（　　）。

  A. 视图   B. 编辑   C. 插入   D. 格式

（21）在 Word 编辑状态下，若要在当前窗口中打开（关闭）绘图工具栏，则可选择的操作是（　　）。

A. 单击"工具"|"绘图"　　　　　　B. 单击"视图"|"绘图"

C. 单击"编辑"|"工具栏"|"绘图"　　D. 单击"视图"|"工具栏"|"绘图"

(22) 在 Word 编辑状态下,若要进行字体效果的设置(如上、下标等),首先应打开
(　　)。

　　A. "编辑"下拉菜单　　　　　　　B. "视图"下拉菜单

　　C. "格式"下拉菜单　　　　　　　D. "工具"下拉菜单

(23) 在 Word 中无法实现的操作是(　　)。

　　A. 在页眉中插入剪贴画　　　　　B. 建立奇偶页内容不同的页眉

　　C. 在页眉中插入分隔符　　　　　D. 在页眉中插入日期

(24) 图文混排是 Word 的特色功能之一,以下叙述中错误的是(　　)。

　　A. 可以在文档中插入剪贴画　　　B. 可以在文档中插入图形

　　C. 可以在文档中使用文本框　　　D. 可以在文档中使用配色方案

(25) 在 Word 的编辑状态下,对于选定的文字不能进行的设置是(　　)。

　　A. 加下划线　　　B. 加着重号　　　C. 动态效果　　　D. 自动排版

(26) 在 Word 的编辑状态下,对于选定的文字(　　)。

　　A. 可以移动,不可以复制　　　　B. 可以复制,不可以移动

　　C. 可以进行移动和复制　　　　　D. 不可以进行移动和复制

(27) 在 Word 的编辑状态下,若光标位于表格外右侧的行尾处,按回车键,结果是
(　　)。

　　A. 光标移到下一行　　　　　　　B. 光标移到下一行,表格行数不变

　　C. 插入一行,表格行数改变　　　D. 在本单元格内换行,表格行数不变

(28) 关于 Word 中的多个文档窗口操作,以下叙述中错误的是(　　)。

　　A. Word 的文档窗口可以拆分为两个文档窗口

　　B. 多个文档编辑工作结束后,只能一个一个地存盘或关闭文档窗口

　　C. Word 允许同时打开多个文档进行编辑,每个文档有一个文档窗口

　　D. 多个文档窗口间的内容可以进行剪切、粘贴和复制等操作

(29) 在 Word 中,下述关于分栏操作的说法,正确的是(　　)。

　　A. 可以将指定的段落分成指定宽度的两栏

　　B. 任何视图下均可看到分栏效果

　　C. 设置的各栏宽度和间距与页面宽度无关

　　D. 栏与栏之间不可以设置分隔线

(30) 在 Word 中,当多个文档打开时,关于保存这些文档的说法中正确的是(　　)。

　　A. 只能保存活动文档

　　B. 用"文件"|"保存"命令,可以重命名保存所有文档

　　C. 用"文件"|"保存"命令,可一次性保存所有打开的文档

　　D. 用"文件"|"全部保存"命令保存所有打开的文档

(31) 在 Word 中,(　　)用于控制文档在屏幕上的显示大小。

　　A. 全屏显示　　　B. 显示比例　　　C. 缩放显示　　　D. 页面显示

(32) Word 在正常启动之后会自动打开一个名为（　　）的文档。

    A. 1. DOC　　　　　B. 1. TXT　　　　　C. DOC1. DOC　　　　D. 文档 1

(33) 在 Word 中，关于表格自动套用格式的用法，以下说法正确的是（　　）。

    A. 只能直接用自动套用格式生成表格

    B. 可在生成新表时使用自动套用格式或在插入表格的基础上使用自动套用格式

    C. 每种自动套用的格式已经固定，不能对其进行任何形式的更改

    D. 在套用一种格式后，不能再更改为其他格式

(34) 在 Word 中，如果当前光标在表格中某行的最后一个单元格的外框线上，按
Enter 键后，（　　）。

    A. 光标所在行加宽　　　　　　　　B. 光标所在列加宽

    C. 在光标所在行下增加一行　　　　D. 对表格不起作用

(35) 退出 Word 的正确操作是（　　）。

    A. 单击"文件"|"关闭"命令　　　　　B. 双击文档窗口上的关闭窗口按钮

    C. 单击"文件"|"退出"命令　　　　　D. 单击 Word 窗口的最小化按钮

(36) Word 程序允许打开多个文档，用（　　）菜单可以实现文档窗口之间的切换。

    A. 编辑　　　　　B. 窗口　　　　　C. 视图　　　　　D. 工具

(37) 下列不能打印输出当前编辑的文档的操作是（　　）。

    A. 单击"文件"|"打印"选项

    B. 单击"常用"工具栏中的"打印"按钮

    C. 单击"文件"|"页面设置"选项

    D. 单击"文件"|"打印预览"选项，再单击工具栏中的"打印"按钮

(38) 要将文档中一部分选定的文字的中英文字体、字形、字号和颜色等各项同时进
行设置，应使用（　　）。

    A. "格式"|"字体"命令　　　　　　B. 工具栏中的"字体"列表框选择字体

    C. "工具"菜单　　　　　　　　　　D. 工具栏中的"字号"列表框选择字号

(39) 在 Word 编辑状态下，如要调整段落的左右边界，用（　　）的方法最为直观、
快捷。

    A. 格式栏　　　　　　　　　　　　B. 格式菜单

    C. 拖动标尺上的缩进标记　　　　　D. 常用工具栏

(40) 如要在 Word 文档中创建表格，应使用（　　）菜单。

    A. 格式　　　　　B. 表格　　　　　C. 工具　　　　　D. 插入

(41) 要在 Word 中创建一个表格式履历表，最简单的方法是（　　）。

    A. 用插入表格的方法

    B. 在"新建"中选择具有履历表格式的空文档

    C. 用绘图工具进行绘制

    D. 在"表格"菜单中选择表格自动套用格式

(42) 要将文档中一部分选定的文字移动到指定的位置,首先对它进行的操作是( )。

  A. 单击"编辑"|"复制"命令   B. 单击"编辑"|"清除"命令

  C. 单击"编辑"|"剪切"命令   D. 单击"编辑"|"粘贴"命令

(43) 在( )视图下可以插入页眉和页脚。

  A. 普通   B. 大纲   C. 页面   D. 主控文档

(44) 在 Word 文档中加入复杂的数学公式,执行( )命令。

  A. "插入"|"对象"   B. "插入"|"数字"

  C. "表格"|"公式"   D. "格式"|"样式"

(45) 要把插入点光标快速移到 Word 文档的头部,应按组合键( )。

  A. Ctrl+PageUp   B. Ctrl+↓

  C. Ctrl+Home   D. Ctrl+End

第 4 章

(1) Excel 2003 默认的新建文件名是( )。

  A. Sheet1   B. Excel1   C. Book1   D. 文档 1

(2) Excel 2003 默认的文件扩展名是( )。

  A. txt   B. exl   C. xls   D. wks

(3) 工作表 A1~A4 单元格的内容依次是 5、10、15、0,B2 单元格中的公式是 "=A1*2^3",若将 B2 单元格的公式复制到 B3,则 B3 单元格的结果是( )。

  A. 60   B. 80   C. 8000   D. 以上都不对

(4) 在 Excel 中要进行计算,单元格首先应该输入的是( )。

  A. =   B. —   C. 空格   D. √

(5) 如果 A1:A5 包含数字 10、7、9、27 和 2,则( )。

  A. SUM(A1:A5)等于 10   B. SUM(A1:A3)等于 26

  C. AVERAGE(A1&A5)等于 11   D. AVERAGE(A1&A3)等于 7

(6) 在 Excel 中,若要为表格设置边框,应该执行( )菜单命令。

  A. 格式|单元格   B. 格式|行   C. 格式|列   D. 格式|工作表

(7) 在行号和列号前加 $ 符号,代表绝对引用。绝对引用表 Sheet2 中 A2:C5 区域的公式为( )。

  A. Sheet2!A2:C5   B. Sheet2! $A2:$C5

  C. Sheet2! $A$2:$C$5   D. Sheet2! $A2:C5

(8) 如果要对一个区域中各行数据求和,应用( )函数,或选用"常用"工具栏的 "自动求和"按钮∑进行运算。

  A. average   B. sum   C. sun   D. sin

(9) 下列关于排序操作的叙述中正确的是( )。

  A. 排序时只能对数值型字段进行排序

B. 排序可以选择字段值的升序或降序两个方向分别进行

C. 用于排序的字段称为"关键字"，在 Excel 中只能有一个关键字段

D. 一旦排序后就不能恢复原来的记录排序

(10) 在自定义"自动筛选"对话框中，可以用（　　）单选框指定多个条件的筛选。

    A. ！   B. 与   C. ＋   D. 非

(11) 在 Excel 中，下面关于分类汇总的叙述错误的是（　　）。

    A. 分类汇总前数据必须按关键字字段排序

    B. 分类汇总的关键字字段只能是一个字段

    C. 汇总方式只能是求和

    D. 分类汇总可以删除，但删除汇总后排序操作不能撤销

(12) 在 Excel 工作表中，不正确的单元格地址是（　　）。

    A. C$66   B. $C66   C. C6$6   D. $C$66

(13) 在 Excel 工作表中，单元格 D5 中有公式"＝$B$2＋C4"，删除第 A 列后，C5 单元格中的公式为（　　）。

    A. ＝$A$2＋B4   B. ＝$B$2＋B4

    C. ＝$A$2＋C4   D. ＝$B$2＋C4

(14) 在 Excel 工作簿中，有关移动和复制工作表的说法，正确的是（　　）。

    A. 工作表只能在所在工作簿内移动，不能复制

    B. 工作表只能在所在工作簿内复制，不能移动

    C. 工作表可以移动到其他工作簿内，不能复制到其他工作簿内

    D. 工作表可以移动到其他工作簿内，也可以复制到其他工作簿内

(15) 在 Excel 中，一个工作表最多可含有的行数是（　　）。

    A. 255   B. 256   C. 65536   D. 任意多

(16) 在 Excel 工作表中，选定某单元格，单击"编辑"菜单下的"删除"选项，不可能完成的操作是（　　）。

    A. 删除该行   B. 右侧单元格左移

    C. 删除该列   D. 左侧单元格右移

(17) 在 Excel 工作表的某单元格内输入数字字符串"456"，正确的输入方式是（　　）。

    A. 456   B. '456   C. ＝456   D. "456"

(18) 在 Excel 中，关于工作表及为其建立的嵌入式图表的说法，正确的是（　　）。

    A. 删除工作表中的数据，图表中的数据系列不会删除

    B. 增加工作表中的数据，图表中的数据系列不会增加

    C. 修改工作表中的数据，图表中的数据系列不会修改

    D. 以上 3 项都不对

(19) 在 Excel 工作表中，有以下数值数据（如下图），在 C3 单元格的编辑区输入公式"＝C2＋$C$2"，单击"确认"按钮，C3 单元格的内容为（　　）。

　　　　　　　计算机应用基础实践教程

A. 22　　　　　B. 24　　　　　C. 26　　　　　D. 28

(20) 在 Excel 工作表中，单元格 C4 中有公式"＝A3＋$C$5"，在第三行之前插入一行之后，单元格 C5 中的公式为（　　）。

A. ＝A4＋$C$6　　　　　　　　　B. ＝A4＋$C$5

C. ＝A3＋$C$6　　　　　　　　　D. ＝A3＋$C$5

(21) 在 Excel 中，选取整个工作表的方法是（　　）。

A. 单击"编辑"菜单的"全选"命令

B. 单击工作表的"全选"按钮

C. 单击 A1 单元格，然后按住 Shift 键单击当前屏幕的右下角单元格

D. 单击 A1 单元格，然后按住 Ctrl 键单击工作表的右下角单元格

(22) 在 Excel 中，要在同一工作簿中把工作表 Sheet3 移动到 Sheet1 前面，应（　　）。

A. 单击工作表 Sheet3 标签，并沿着标签行拖动到 Sheet1 前

B. 单击工作表 Sheet3 标签，并按住 Ctrl 键沿着标签行拖动到 Sheet1 前

C. 单击工作表 Sheet3 标签，并选择"编辑"菜单的"复制"命令，然后单击工作表 Sheet1 标签，再选择"编辑"菜单的"粘贴"命令

D. 单击工作表 Sheet3 标签，并选择"编辑"菜单的"剪切"命令，然后单击工作表 Sheet1 标签，再选择"编辑"菜单的"粘贴"命令

(23) 在 Excel 中，给当前单元格输入数值型数据时，默认为（　　）。

A. 居中　　　　　B. 左对齐　　　　　C. 右对齐　　　　　D. 随机

(24) 当向 Excel 工作表单元格输入公式时，使用单元格地址 D$2 引用 D 列 2 行单元格，该单元格的引用称为（　　）。

A. 交叉地址引用　　　　　　　　　B. 混合地址引用

C. 相对地址引用　　　　　　　　　D. 绝对地址引用

(25) 在 Excel 中打印学生成绩单时，对不及格的成绩用醒目的方式表示（如用红色表示），当要处理大量的学生成绩时，利用（　　）命令最为方便。

A. 查找　　　　　B. 条件格式　　　　　C. 数据筛选　　　　　D. 定位

(26) 在 Excel 中按文件名查找时，可用（　　）代替任意单个字符。

A. ?　　　　　B. *　　　　　C. !　　　　　D. %

(27) 在打印工作表前就能看到实际打印效果的操作是（　　）。

A. 仔细观察工作表　　　　　　　　B. 打印预览

C. 按 F8 键　　　　　　　　　　　D. 分页预览

第 5 章

(1) PowerPoint 演示文档的扩展名是（　　）。

A. .ppt　　　　　B. .pwt　　　　　C. .xsl　　　　　D. .doc

(2) 在 PowerPoint 中，将某张幻灯片版式更改为"垂直排列文本"，应选择的菜单是（　　）。

A. 视图　　　　　B. 插入　　　　　C. 格式　　　　　D. 幻灯片放映

（3）在空白幻灯片中，不可以直接插入（　　）。

    A. 文本框　　　　　B. 文字　　　　　C. 艺术字　　　　D. Word 表格

（4）在 PowerPoint 的幻灯片浏览视图下，不能完成的操作是（　　）。

    A. 调整个别幻灯片的位置　　　　　　B. 删除个别幻灯片

    C. 编辑个别幻灯片内容　　　　　　　D. 复制个别幻灯片

（5）在 PowerPoint 中，设置幻灯片放映时的换页效果为"垂直百叶窗"，应使用"幻灯片放映"菜单下的（　　）选项。

    A. 动作按钮　　　　B. 幻灯片切换　　C. 预设动画　　D. 自定义动画

（6）在 PowerPoint 演示文稿中，将一张版式为"标题和文本"的幻灯片改为"标题,文本与内容"幻灯片，应使用的对话框是（　　）。

    A. 幻灯片版式　　　　　　　　　　　B. 幻灯片配色方案

    C. 背景　　　　　　　　　　　　　　D. 应用设计模板

（7）在 PowerPoint 中，下列说法错误的是（　　）。

    A. 可以利用自动版式建立带剪贴画的幻灯片，用来插入剪贴画

    B. 可以向已存在的幻灯片中插入剪贴画

    C. 可以修改剪贴画

    D. 不可以为图片重新上色

（8）在 PowerPoint 中，有关选定多张幻灯片的说法中错误的是（　　）。

    A. 在幻灯片放映视图下，也可以选定多个幻灯片

    B. 如果要选定多张不连续幻灯片，在浏览视图下，按住 Ctrl 键并单击各张幻灯片

    C. 如果要选定多张连续幻灯片，在浏览视图下，按住 Shift 键并单击最后要选定的幻灯片

    D. 在幻灯片普通视图下，可以选定多个幻灯片

（9）在 PowerPoint 中，在浏览视图下，按住 Ctrl 键并拖动某幻灯片，可以完成（　　）操作。

    A. 移动幻灯片　　B. 复制幻灯片　　C. 删除幻灯片　　D. 选定幻灯片

（10）下列不是 PowerPoint 视图的是（　　）。

    A. 普通视图　　　B. 放映视图　　　C. 联机版式视图　　D. 大纲视图

（11）在 PowerPoint 中，若想设置幻灯片中对象的动画效果，应在（　　）视图下完成。

    A. 幻灯片视图　　　　　　　　　　　B. 幻灯片浏览视图

    C. 幻灯片放映试图　　　　　　　　　D. 以上均可

（12）对于演示文稿中不准备放映的幻灯片可以用（　　）下拉菜单中的"隐藏幻灯片"命令隐藏。

    A. 工具　　　　　B. 幻灯片放映　　C. 视图　　　　D. 编辑

（13）PowerPoint 的主要功能是（　　）。

    A. 文件处理　　　　　　　　　　　　B. 表格处理

C. 图表处理 D. 电子演示文稿的处理

(14) PowerPoint 提供( )种新幻灯片版式供用户创建演示文件时选用。

    A. 12   B. 24   C. 28   D. 31

(15) 如要终止幻灯片的放映,可直接按( )键。

    A. Ctrl+C   B. Esc   C. End   D. Alt+F4

(16) 使用( )下拉菜单中的"背景"命令改变幻灯片的背景。

    A. 格式   B. 幻灯片放映   C. 工具   D. 视图

(17) 打印演示文稿时,如"打印内容"栏选择"讲义",则每页打印纸上最多能输出( )张幻灯片。

    A. 2   B. 4   C. 6   D. 9

(18) ( )不是合法的"打印内容"选项。

    A. 幻灯片视图   B. 备注页   C. 讲义   D. 幻灯片

(19) 在 PowerPoint 中,"格式"下拉菜单中的( )命令可以用来改变某一幻灯片的布局。

    A. 背景   B. 幻灯片版式

    C. 幻灯片配色方案   D. 字体

(20) 在 PowerPoint 中,若想查看多张幻灯片,应选择( )。

    A. 幻灯片视图   B. 大纲视图

    C. 备注页视图   D. 幻灯片浏览视图

(21) 为所有的幻灯片设置统一的、特有的外观风格,应使用( )。

    A. 母版   B. 配色方案   C. 自动版式   D. 幻灯片切换

(22) 当在交易会上进行广告宣传时,应该选择( )放映方式。

    A. 演讲者放映   B. 观众自行放映

    C. 在展厅浏览   D. 需要时按下某键

(23) 在 PowerPoint 中,有关幻灯片母版中的页眉页脚,下列说法错误的是( )。

    A. 页眉或页脚是加在演示文稿中的注释性内容

    B. 典型的页眉/页脚内容是日期、时间以及幻灯片编号

    C. 在打印演示文稿的幻灯片时,页眉/页脚的内容也可打印出来

    D. 不能设置页眉和页脚的文本格式

(24) 下列操作中,不是退出 PowerPoint 的操作是( )。

    A. 单击"文件"下拉菜单中的"关闭"命令

    B. 单击"文件"下拉菜单中的"退出"命令

    C. 按组合键 Alt+F4

    D. 双击 PowerPoint 窗口的"控制菜单"图标

(25) 在 PowerPoint 的( )下,可以用拖动方法改变幻灯片的顺序。

    A. 幻灯片视图   B. 备注页视图

    C. 幻灯片浏览视图   D. 幻灯片放映

第6章

1. 选择题

(1) 计算机网络是计算机技术与（　　　）技术紧密结合的产物。
　　A. 通信　　　　　B. 电话　　　　　C. Internet　　　　D. 卫星

(2) 网络软件包括（　　　）、网络协议软件、网络应用软件。
　　A. Windows　　　B. UNIX　　　　　C. 网络操作系统　　D. 通信控制软件

(3) 计算机网络的目的在于实现（　　　）和信息交流。
　　A. 资源共享　　　B. 远程通信　　　C. 网页浏览　　　　D. 文件传输

(4) 通信双方必须共同遵守的规则和约定称为网络（　　　）。
　　A. 合同　　　　　B. 协议　　　　　C. 规范　　　　　　D. 文本

(5) （　　　）拓扑结构由一个中央节点和若干从节点组成。
　　A. 总线型　　　　B. 星型　　　　　C. 环型　　　　　　D. 网络型

(6) 计算机网络最突出的特点是（　　　）。
　　A. 资源共享　　　B. 运算精度高　　C. 运算速度快　　　D. 内存容量大

(7) 网卡属于计算机的（　　　）。
　　A. 显示设备　　　B. 存储设备　　　C. 打印设备　　　　D. 网络设备

(8) 下列属于计算机网络通信设备的是（　　　）。
　　A. 显卡　　　　　B. 网线　　　　　C. 音箱　　　　　　D. 声卡

(9) 个人计算机通过电话线拨号方式接入因特网时,应使用的设备是（　　　）。
　　A. 交换机　　　　B. 调制解调器　　C. 电话机　　　　　D. 浏览器软件

(10) 划分局域网(LAN)和广域网(WAN)的依据是（　　　）。
　　A. 网络用户　　　B. 传输协议　　　C. 联网设备　　　　D. 网络规模

(11) 以下能将模拟信号与数字信号互相转换的设备是（　　　）。
　　A. 硬盘　　　　　B. 鼠标　　　　　C. 打印机　　　　　D. 调制解调器

(12) 校园网络属于（　　　）。
　　A. 局域网　　　　B. 广域网　　　　C. 城域网　　　　　D. 电话网

(13) 构成计算机网络的要素主要有通信主体、通信设备和通信协议,其中通信主体指的是（　　　）。
　　A. 交换机　　　　B. 双绞线　　　　C. 计算机　　　　　D. 网卡

(14) 在 Internet 上通信时,必须使用的协议是（　　　）。
　　A. TCP/IP　　　　B. FTP　　　　　C. HTTP　　　　　　D. SPX/IPX

(15) 下列说法中（　　　）是正确的。
　　A. 网络中的计算机资源主要指服务器、路由器、通信线路与用户计算机
　　B. 网络中的计算机资源主要指计算机操作系统、数据库与应用软件
　　C. 网络中的计算机资源主要指计算机硬件、软件、数据
　　D. 网络中的计算机资源主要指 Web 服务器、数据库服务器与文件服务器

(16) 在 ISO/OSI 参考模型中，最低层和最高层分别是(　　)。

    A. 网络层和物理层　　　　　　　　B. 物理层和应用层

    C. 物理层和传输层　　　　　　　　D. 传输层和应用层

(17) 调制解调器(Modem)的作用是(　　)。

    A. 将计算机的数字信号转换成为模拟信号，以便发送

    B. 将模拟信号转换成为计算机的数字信号，以便接收

    C. 将计算机数字信号与模拟信号相互转换，以便传输

    D. 为了上网和接电话两不误

(18) 目前网络传输介质中传输速率最高的是(　　)。

    A. 双绞线　　　　B. 同轴电缆　　　　C. 光缆　　　　D. 电话线

(19) 在下列 4 项中，不属于 OSI(开放系统互连)参考模型 7 个层次的是(　　)。

    A. 会话层　　　　B. 数据链路层　　　　C. 用户层　　　　D. 应用层

(20) (　　)是网络的心脏，它提供了网络最基本的核心功能，如网络文件系统、存储器的管理和调度等。

    A. 服务器　　　　　　　　　　　　B. 工作站

    C. 服务器操作系统　　　　　　　　D. 通信协议

2. 填空题

(1) 通常我们可将网络传输介质分为_____和_____两大类。

(2) 常见的网络拓扑结构为_____。

(3) 计算机网络按网络规模可分为_____、_____和_____，其中_____主要用来构造一个单位的内部网。

(4) 计算机网络的功能主要表现在_____。

(5) OSI 将整个网络的通信功能由低向高分为_____7 个层次。

(6) 局域网的英文缩写为_____，城域网的英文缩写为_____，广域网的英文缩写为_____。

3. 简答题

(1) 简述计算机网络的定义。

(2) 什么是计算机网络的拓扑结构？常见的拓扑结构有几种？

(3) 试述计算机网络的组成及分类。

第 7 章

1. 选择题

(1) Internet 的中文规范译名为(　　)。

    A. 因特网　　　　B. 教科网　　　　C. 局域网　　　　D. 广域网

(2) Internet 起源于(　　)。

    A. 美国　　　　B. 英国　　　　C. 德国　　　　D. 澳大利亚

(3) 下列 IP 地址中书写正确的是(　　)。

    A. 168 * 192 * 0 * 1   B. 325. 255. 231. 0

    C. 192. 168. 1   D. 255. 255. 255. 0

(4) 在 TCP/IP 网络环境下,每台主机都分配了一个(　　)位的 IP 地址。

    A. 4   B. 16   C. 32   D. 64

(5) 在 E-mail 地址中,一般都会有(　　)符号。

    A. @   B. ♯   C. *   D. $

(6) 在 Internet 中电子公告板的缩写是(　　)。

    A. FTP   B. WWW   C. BBS   D. E-mail

(7) 地址栏中输入的 http://zjhk. school. com 中,zjhk. school. com 是一个(　　)。

    A. 域名   B. 文件   C. 邮箱   D. 国家

(8) 下列 4 项中表示电子邮件地址的是(　　)。

    A. ks@183. net   B. 192. 168. 0. 1

    C. www. gov. cn   D. www. cctv. com

(9) 浏览网页过程中,当鼠标移动到已设置了超链接的区域时,鼠标指针形状一般变为(　　)。

    A. 小手形状   B. 双向箭头   C. 禁止图案   D. 下拉箭头

(10) 下列 4 项中表示域名的是(　　)。

    A. www. cctv. com   B. hk@zj. school. com

    C. zjwww@china. com   D. 202. 96. 68. 1234

(11) 下列软件中可以查看 WWW 信息的是(　　)。

    A. 游戏软件   B. 财务软件   C. 杀毒软件   D. 浏览器软件

(12) 电子邮件地址 stu@zjschool. com 中的 zjschool. com 是代表(　　)。

    A. 用户名   B. 学校名

    C. 学生姓名   D. 电子邮件服务器名

(13) E-mail 地址的格式是(　　)。

    A. www. zjschool. cn   B. 网址 •用户名

    C. 账号@邮件服务器名称   D. 用户名 •邮件服务器名称

(14) Internet Explorer(IE)浏览器的"收藏夹"的主要作用是收藏(　　)。

    A. 图片   B. 邮件   C. 网址   D. 文档

(15) 网址"www. pku. edu. cn"中的"cn"表示(　　)。

    A. 英国   B. 美国   C. 日本   D. 中国

(16) 在因特网上专门用于传输文件的协议是(　　)。

    A. FTP   B. HTTP   C. NEWS   D. Word

(17) "www. 163. com"是指(　　)。

    A. 域名   B. 程序语句

    C. 电子邮件地址   D. 超文本传输协议

(18) 下列 4 项中主要用于在 Internet 上交流信息的是(　　　)。

　　A. BBS　　　　　B. DOS　　　　　C. Word　　　　　D. Excel

(19) 电子邮件地址格式为：username@hostname.com，其中 username 为(　　　)。

　　A. 用户名　　　　　　　　　　　B. 某国家名

　　C. 某公司名　　　　　　　　　　D. ISP 某台主机的域名

(20) 地址"ftp://218.0.0.123"中的"ftp"是指(　　　)。

　　A. 协议　　　　　B. 网址　　　　　C. 新闻组　　　　　D. 邮件信箱

(21) 如果申请了一个免费电子信箱为 zjxm@sina.com，则该电子信箱的账号是(　　　)。

　　A. zjxm　　　　　B. @sina.com　　　　　C. @sina　　　　　D. sina.com

(22) http 是一种(　　　)。

　　A. 域名　　　　　　　　　　　　B. 高级语言

　　C. 服务器名称　　　　　　　　　D. 超文本传输协议

(23) 上因特网浏览信息时，常用的浏览器是(　　　)。

　　A. KV3000　　　　　　　　　　B. Word 97

　　C. WPS 2000　　　　　　　　　D. Internet Explorer

(24) 发送电子邮件时，如果接收方没有开机，那么邮件将(　　　)。

　　A. 丢失　　　　　　　　　　　　B. 退回给发件人

　　C. 开机时重新发送　　　　　　　D. 保存在邮件服务器上

(25) 用 IE 浏览器浏览网页，在地址栏中输入网址时，通常可以省略的是(　　　)。

　　A. http://　　　　B. ftp://　　　　C. mailto://　　　　D. news://

(26) Internet 中 URL 的含义是(　　　)。

　　A. 统一资源定位器　　　　　　　B. Internet 协议

　　C. 简单邮件传输协议　　　　　　D. 传输控制协议

(27) 要能顺利发送和接收电子邮件，必需的设备是(　　　)。

　　A. 打印机　　　　B. 邮件服务器　　　　C. 扫描仪　　　　D. Web 服务器

(28) 构成计算机网络的要素主要有通信协议、通信设备和(　　　)。

　　A. 互联设备　　　　B. 通信人才　　　　C. 通信主体　　　　D. 通信卫星

(29) 关于 Internet，以下说法正确的是(　　　)。

　　A. Internet 属于美国　　　　　　B. Internet 属于联合国

　　C. Internet 属于国际红十字会　　D. Internet 不属于某个国家或组织

(30) 要给某人发送一封 E-mail，必须知道他的(　　　)。

　　A. 姓名　　　　B. 邮政编码　　　　C. 家庭地址　　　　D. 电子邮件地址

(31) 连接到 Internet 的计算机中，必须安装的协议是(　　　)。

　　A. 双边协议　　　　　　　　　　B. TCP/IP 协议

　　C. NetBEUI 协议　　　　　　　　D. SPSS 协议

(32) 下面是某单位的主页的 Web 地址 URL，其中符合 URL 格式的是(　　　)。

　　A. Http//www.jnu.edu.cn　　　　B. Http:www.jnu.edu.cn

C. Http://www.jnu.edu.cn   D. Http:www.jnu.edu.cn

(33) 在地址栏中显示 http://www.sina.com.cn,则所采用的协议是(   )。

    A. HTTP   B. FTP   C. WWW   D. 电子邮件

(34) 下列说法错误的是(   )。

    A. 电子邮件是 Internet 提供的一项最基本的服务
    B. 电子邮件具有快速、高效、方便、价廉等特点
    C. 通过电子邮件,可向世界上任何一个角落的网上用户发送信息
    D. 可发送的多媒体只有文字和图像

(35) 即时通信软件主要有我国腾讯公司的 QQ 和美国微软公司的(   )。

    A. IE   B. MSN   C. BBS   D. 搜索引擎

2. 简答题

(1) Internet 采用什么协议?

(2) 列出你所知道的 Internet 提供的主要服务。

(3) IP 地址和域名的作用是什么?它们之间有什么异同?

(4) 当浏览一个网页时,计算机和 WWW 服务器之间用的是什么应用协议?

(5) 什么叫 URL?它由哪几部分组成?

(6) 发送邮件时需要知道对方的什么地址?这个地址由哪几部分组成?

第8章

(1) 信息安全的含义是什么?信息安全有哪些特征?简述信息系统安全防御的途径。

(2) 综述信息安全防御的主要技术。

(3) 什么是病毒?病毒的特点是什么?

(4) 病毒主要有哪些类型?每一类的主要特点是什么?

(5) 病毒一般通过哪些途径进行传染?

(6) 如何防治病毒?

(7) 什么是恶意软件?如何防治?

(8) 什么是黑客?如何防治?

(9) 大学生应该具备什么样的网络道德和网络行为规范?

附录 B   习 题 答 案

第 1 章

(1) A	(2) D	(3) B	(4) A	(5) A	(6) B	(7) B
(8) D	(9) C	(10) A	(11) A	(12) C	(13) A	(14) A
(15) D	(16) C	(17) A	(18) C	(19) A	(20) C	

第 2 章

(1) A	(2) B	(3) A	(4) B	(5) D	(6) D	(7) A
(8) A	(9) B	(10) C	(11) B	(12) C	(13) A	(14) A
(15) B	(16) B	(17) B	(18) A	(19) B	(20) C	(21) A
(22) D	(23) A	(24) A	(25) B	(26) D	(27) D	(28) D
(29) C	(30) D	(31) B	(32) C	(33) B	(34) B	(35) B

第 3 章

(1) A	(2) B	(3) D	(4) C	(5) B	(6) C	(7) A
(8) C	(9) A	(10) B	(11) D	(12) D	(13) B	(14) B
(15) C	(16) C	(17) D	(18) B	(19) A	(20) B	(21) D
(22) C	(23) C	(24) D	(25) D	(26) C	(27) C	(28) B
(29) A	(30) D	(31) B	(32) D	(33) B	(34) C	(35) C
(36) B	(37) C	(38) A	(39) C	(40) B	(41) B	(42) C
(43) C	(44) A	(45) C				

第 4 章

(1) C	(2) C	(3) D	(4) A	(5) B	(6) A	(7) C
(8) B	(9) B	(10) B	(11) C	(12) C	(13) A	(14) D
(15) C	(16) D	(17) B	(18) D	(19) C	(20) A	(21) B
(22) A	(23) C	(24) B	(25) B	(26) B	(27) B	

第 5 章

(1) A   (2) C   (3) B   (4) C   (5) B   (6) A   (7) D
(8) A   (9) B   (10) C   (11) A   (12) B   (13) D   (14) D
(15) B   (16) A   (17) D   (18) A   (19) B   (20) D   (21) A
(22) C   (23) D   (24) A   (25) C

第 6 章

1. 选择题

(1) A   (2) C   (3) A   (4) B   (5) B   (6) A   (7) D
(8) B   (9) B   (10) D   (11) D   (12) A   (13) C   (14) A
(15) C   (16) B   (17) C   (18) C   (19) C   (20) A

2. 填空题

(1) 有线　无线

(2) 星型、环型和总线型、树型、网状

(3) 局域网　城域网　广域网　局域网

(4) 数据通信、资源共享、分布式处理

(5) 物理层、数据链路层、网络层、传输层、会话层、表示层和应用层

(6) LAN　MAN　WAN

3. 简答题

(1) 简述计算机网络的定义。

答：计算机网络是利用通信线路和通信设备将位于不同地理位置的具有独立功能的多个计算机系统进行互联，并按照网络协议进行通信，从而达到资源共享的多计算机系统。

(2) 什么是计算机网络的拓扑结构？常见的拓扑结构有几种？

答：网络拓扑结构是指由网络上节点连接而成的几何形状。将服务器、工作站等抽象成节点，通信线路抽象成线，就构成了由点线组成的网络几何形状，即网络拓扑结构。

常见的网络拓扑结构有总线型、星型、环型、树型、网状。

(3) 试述计算机网络的组成及分类。

答：计算机网络是由网络硬件和网络软件组成的。网络硬件包括网络中的计算机（服务器、工作站）、通信设备、通信线路等，网络软件包括网络操作系统、通信协议、网络应用软件等。

计算机网络按网络规模大小分为 3 种类型：局域网（LAN）、城域网（MAN）、广域网（WAN）；按网络拓扑结构分为总线型、星型、环型、树型、网状。

第7章

1．选择题

(1) A	(2) A	(3) D	(4) C	(5) A	(6) C	(7) A
(8) A	(9) A	(10) A	(11) D	(12) D	(13) C	(14) C
(15) D	(16) A	(17) A	(18) A	(19) A	(20) A	(21) A
(22) D	(23) D	(24) D	(25) A	(26) A	(27) B	(28) C
(29) D	(30) D	(31) B	(32) C	(33) A	(34) D	(35) B

2．简答题

(1) Internet 采用什么协议？

答：TCP/IP 协议。

(2) 列出你所知道的 Internet 提供的主要服务。

答：网页浏览、搜索引擎、FTP 服务、电子邮件、即时通信、电子公告板。

(3) IP 地址和域名的作用是什么？它们之间有什么异同？

答：①为了使连接在 Internet 上的主机（服务器）能够被识别并进行通信，每台主机都必须有一个唯一的 Internet 地址。这个 Internet 地址有两种形式：一种是机器可识别的地址，用数字表示，即 IP 地址；另一种是便于人们看懂的，用字符表示，即域名。②IP 地址由 32 位二进制数组成，表示为由小数点分隔开的 4 段数字，例如，202.121.220.66 就是一个 IP 地址。域名由小数点隔开的几组字符串组成，字符串的个数不定，常用的是 4 个，也有 3 个的，一般不超过 5 个。例如，www.microsoft.com 和 www.cctv.com.cn 都是域名。③域名与计算机的 IP 地址相对应。

(4) 当浏览一个网页时，计算机和 WWW 服务器之间用的是什么应用协议？

答：浏览器浏览网页使用 HTTP（Hypertext Transmission Protocol，超文本传输协议）。

(5) 什么叫 URL？它由哪几部分组成？

答：URL（Uniform Resource Locator，统一资源定位器）就是 Web 地址，俗称"网址"。

URL 格式为：

协议：//主机标识（：端口）(路径/文件名)

例如，http://www.people.com.cn/GB/138812/index.html。

(6) 发送邮件时需要知道对方的什么地址？这个地址由哪几部分组成？

答：电子邮箱地址，它的组成为：用户名@电子邮件服务器名。例如，wangling@sina.com.cn。

高等学校计算机基础教育教材精选